科學+

智慧新世界

圖靈所沒有預料到的人工智慧

AI

主編 林守德 高涌泉

編者 林軒田 陳銘憲 陳信希 莊永裕 邵軒磊
李宏毅 李政德 張智威 陳倩瑜 楊奕軒

臺大科學教育發展中心
探索基礎科學系列講座

三民書局

推薦序

人工智慧這個名詞在過去幾年受到文明世界的高度關注，人們在過去透過寫科幻小說或拍攝電影的方式，描述人類對未來世界的幻想情境，常見的情境通常是未來高度文明的世界中伴隨著極為先進的科技，而且具有高度智慧的電腦在其中扮演著非常關鍵的角色，甚至可決定人類的未來命運。但具有高度智慧的電腦能帶給人類怎麼樣的生活變化？或是我們希望人工智慧帶給人類社會什麼樣的好處？

在目前我們所認知的人工智慧技術發展下，電腦或機器人即使具有高度智慧，應該還是以人類的指令為最優先，因為其唯一的目的在服務人類。透過提供使用者有用的輔助資訊，或是幫助人類解決問題，以給予人們更便利的生活。然而人工智慧的發展為了突破目前的限制——需要大量標記的資料進行學習，近年來有些先進的研究正慢慢從傳統的監督式學習往自主式學習來發展。若依照這個發展趨勢，部分具高度智慧的電腦已開始具有自主學習的能力，它們將會變得愈來愈聰明，甚至在未來也可能會具有自我的意識。當電腦經由自主學習所得的判斷結果跟人類的命令相互牴觸時，該如何規範電腦的判斷結果，會是一個很複雜的問題。由此可想而知，未來人工智慧的運用會牽涉到許多科技倫理的議題，該如何制定適當的科技倫理及法律來規範人工智慧的發展與使用，這對人類未來的科技文明發展來說是一個極為重要的課題。我們應集思廣益來制定完善的法律與倫理規範，以導引人工智慧技術往正確且健全的方向發展。

過去一般民眾普遍對人工智慧技術的認識較不足，而且對新技術的能力及其限制無法精確地掌握，以致於社會尚未制定相關的法律及倫理規範以導引技術的發展。《智慧新世界》此書邀集國內在人工智慧各領域的頂尖學者專家，以深入淺出的方式探討人工智慧多個重要且關鍵的領域，包括機器學習、電腦視覺、語音辨識、自然語言處理及大數據分析等。另外此書也探討一些人工智慧在不同領域的應用，包括醫學、生物基因、法律及音樂等領域，同時也透過許多實例描述目前人工智慧技術的問題。透過這種科普介紹的方式，可以讓一般不具相關技術背景的讀者對人工智慧有全面性的認識，進而幫助我們思考人工智慧對於社會的影響，預期此書對於相關科技知識普及化可挹注一股強大的力量。

雖然人工智慧的研究至今已有超過 60 年的歷史，就長遠來看我認為現在還處於發展的初期，未來還有很長的路要走；但隨著人工智慧的技術快速進展，相關應用日趨成熟，目前工業界在智慧語音對話、聊天機器人、人臉辨識、自動駕駛、精準醫療、智慧製造及智慧農業等領域已投注相當大的研發能量，並且皆有將人工智慧應用至實際產品的成功案例。未來使用人工智慧技術的產品會愈來愈多，人工智慧正在以快速的腳步改變我們的生活。期許在可見的未來，我們將生活在一個智慧新世界，同時也是一個具高度人性考量的美麗新世界。

臺灣微軟人工智慧研發中心首席研發總監
國立清華大學資訊工程學系教授

序

很多人初次接觸人工智慧是來自電影或動漫小說的啟發，於是很自然地認為那些可以跟人類對話、擁有自我意識，而且往往無所不知、無所不能的「東西」就是所謂的人工智慧；然而，細究起來人類的智慧其實有很多的面向，從基礎視聽的「認知與辨識能力」，到說與寫的「表達能力」，以及肢體協調的「運動能力」，甚至理解自我存在的「意識能力」，都可以當作智慧的表徵。到底目前的 AI 擁有什麼面向的智慧？它又是藉由什麼樣的機制成就這樣的智慧？這是《智慧新世界》這本書主要闡述的方向。

本書開宗明義就來探討「人工智慧與人類智慧的異同」，闡述不同層次的人工智慧。「弱人工智慧」強調電腦的智慧的產生與運作模式不必和人類一樣，只要它能夠達成「外顯上似乎是有智慧」之目的即可；而「強人工智慧」希望電腦產生智慧，且思維運作模式要與人類相仿，甚至希望電腦可以產生自我意識。在近年來人工智慧的突破，例如 DeepMind 的 AlphaGo 以及 IBM 的 Watson，可以稱為弱人工智慧的大躍進；然而，我們離一個「類人類」的強人工智慧還有一條很長的路要走。於是，專家學者們試圖分進合擊、個個擊破，將不同面向的問題一一處理：有的研究著重在機器的視覺，有的研究著重在語言的理解與處理，有人著重在大量資料的探勘與分析，也有人研究根本的機器學習相關技術。本書邀集了國內在不同 AI 次領域的重量級學者，一一道出在他們的領域裡，AI 到底解決了什麼樣的問題，以及如何解決這些問題。

除了希望讓電腦更聰明之外，大家也開始發想如何能夠應用這些厲害的人工智慧幫助人類解決一些實際的問題，於是乎許多新興的 AI 應用應運而生：例如用 AI 幫助法律人從事法律的判決、瞭解社群生成的機制以及運作的緣由、解構複雜基因背後的祕密、甚至在音樂的作詞作曲上，都可以利用最新的技術、科技達到前所未見的成就。在本書中，也將邀請到重量級的專家學者，介紹 AI 在這些領域近年來的突破。

人類對於人工智慧有著很高的想像與期待，畢竟這個技術是目前在生物繁殖機制以外，唯一能產生有智慧之物種的方式；但在人工智慧愈來愈普及的狀況下，同時也會衍生許多問題。例如，人工智慧的安全性、對於隱私可能的侵犯、機器學習的偏見、人工智慧的透明度不足，甚至對於社會公平性的影響等等，都是需要一件一件解決的議題。目前的人工智慧離完美還有很長的一段路要走，然而我們認為，在人類對於 AI 可以做的事情以及背後的技術有更多的理解之後，我們就會有更大的機會讓人工智慧成為人類進步最重要的幫手，並減少可能產生的危害。編撰《智慧新世界》這本書，就是懷抱著這樣的期許，希望能夠用深入淺出的方式，盡量去涵蓋人工智慧不同的面向與應用，讓讀者對於人工智慧的想像能夠更落實。

Appier 首席機器學習科學家
國立臺灣大學資訊工程學系教授
林守德

林教授畢業於臺大電機工程系，在南加州大學取得計算語言學碩士、計算機科學博士，曾在美國國家實驗室從事博士後研究，現為臺大資訊工程系教授，研究領域為機器學習、資料探勘、社群網路分析、自然語言處理，得獎無數，包含臺灣科技部吳大猷紀念獎等等，創立臺大機器發明與社群網路探勘實驗室。林教授除了是 CASE 人工智慧系列演講顧問，也曾是教育部人工智慧人才培育計畫辦公室負責人。目前擔任新創公司沛星科技的首席科學家，也共同創立新創公司動見科技，擔任首席科學家。

目次

contents

智慧新世界

圖靈所沒有預料到的人工智慧

CHAPTER 1

當人類智慧碰到人工智慧

講師／臺灣大學資訊工程學系教授　林守德
彙整／葉珊瑀

人們將 1950 年圖靈 (Alan Turing) 提出**圖靈測試 (Turing testing)**，視為**人工智慧（artificial intelligence，簡稱 AI）**的研究開端，圖靈也被視為人工智慧之父。當今人工智慧蓬勃發展，和當初圖靈所想的已有落差，差距究竟何在？林守德教授以三個大問題切入：

1 人工智慧是什麼？至今走了多遠？
2 人工智慧離終點還有多遠？人類智慧是否接近人工智慧？
3 人工智慧能帶人類走多遠？走向哪種未來？

人工智慧是什麼？至今走了多遠？

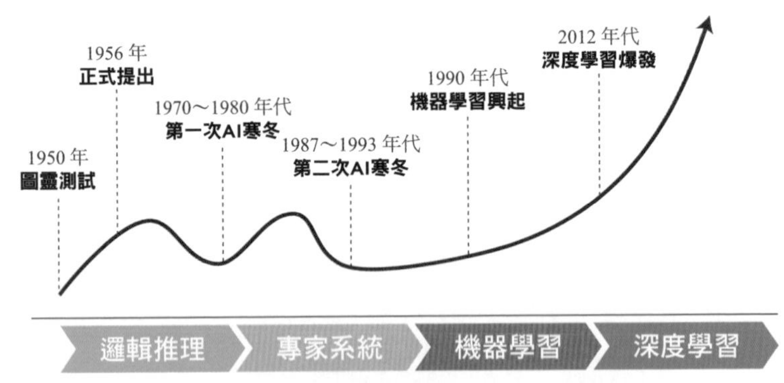

▲圖 1-1　AI 的三起二落。隨著軟體與硬體的發展，目前正在不斷地起飛。

AI 是個很有趣的學門，跟網路、半導體等等，發展起飛以後停滯的領域不同，AI 有起有落，可歸納為「三起二落」。之所以有這樣的變化，是因為人們一直沒有完全探索這個領域，每一次的「起」都是因為有新的技術開發，做得小有起色，給大家很高期待，覺得 AI 這個題目應該破關了；然而過了一陣子發現這個技術僅能解決部分問題，熱度就會削減。當新的技術再起，討論度又會上升。林教授認為，在人類還沒有辦法做出跟人類很像的人工智慧前，這個起落會一直下去。

林教授首先回歸 AI 歷史來看，探討不同時代對 AI 各有不同詮釋。

電腦時代前的形式推理

在十七、十八世紀，萊布尼茲 (Gottfried Wilhelm Leibniz)、笛卡爾 (René Descartes)、霍布斯 (Thomas Hobbes)、羅素 (Bertrand Arthur William Russell) 等人心中所想的 AI 為**形式推理 (formal reasoning)**，重要的哲學家思考把數理邏輯機械化、系統化描述的可能。有些部分是成功的，包含後來的哥德爾不完備定理 (Gödel's incompleteness theorem)。但這也受到質疑，例如智慧不只是推理。

1950 年代的圖靈測試

到了 1950 年代，圖靈提出的「智慧」是通過圖靈測試的電腦：

> 假設有個人正在跟終端機對話，但此人不確定對話對象是誰。人打了一些字，獲得一些回饋，若此人無法判斷現正與之對話的是人或是電腦，那麼這個電腦就通過圖靈測試，算是擁有智慧。

這是一個目前尚未成功攻克的目標，例如人們和 Siri 講話，講不到幾句就可以猜到它不是真人。對話這件事，聽來簡單，但其實對於文字、語意需要很深的理解。圖靈曾預言在 2000 年之前電腦發展就可以達成這個目標，如今，我們離這個門檻還有一段距離。當然，漸漸有人質疑「與人對話」作為判斷智慧的方式是否適合，畢竟智慧還有其他的表現方式。

語言理解到底多奧祕？林教授分享一個網路流傳的笑話：

> 學生說：老師你教的都是沒有用的東西。
> 老師說：我不許你這樣說自己。

故事中，學生指的是授課內容，老師指的卻是學生。根據情境，同樣的語句可能有不同的詮釋，即使是人，要理解語言背後含意並不容易，對於 AI 而言更是困難的。

1960 年代的通用解題器

有人認為 AI 是用特定的方式來搜尋答案，1960 年代西蒙 (Herbert A. Simon)、蕭 (John C. Shaw) 及尼威爾 (Allen Newell) 提出通用解題器 (general problem solver)，認為用搜尋的演算法幾乎可以解決所有問題，這個發展也的確解決了一些原本看起來不容易證明的數學問題。

林教授現場透過一個互動網頁展示了不同演算法的運用，畫面中的綠點、紅點，可以搭配不同的演算法搜尋，有直線搜尋的、也有以中心輻射擴散尋找點的，不同的解法會因應不同情境的問題。這些相異的演算法，都是找答案的機制。有的專精在某一方向，有的地毯式檢索，有的盲目地搜索。只要答案在空間內，總會搜尋到解答，差別在於花的時間長短。

在現實生活中，搜尋空間通常都很大，如果沒有好用的方法，恐怕無法在有限的時間內解決問題。以圍棋為例，搜尋空間為 10^{360}，以全球所有的電腦從宇宙起源就開始計算至今也沒有辦法算完。

人工智慧就是擅長遊戲的電腦

有人將 AI 視為擅長遊戲的電腦，而 AI 進展有很大一部分正是因為這些遊戲產生的。從事 AI 的人喜歡玩遊戲，原因有三：

1 遊戲規則容易系統化
2 遊戲的環境以及變數有限
3 遊戲可以重複玩

在這樣的情境下，電腦可以一直學習、一直嘗試錯誤，變得愈來愈厲害。

並非所有遊戲難度都相當，遊戲可以區分為兩種類型：完全訊息遊戲，指可以看到整個遊戲牌面者，例如西洋棋、圍棋；部分訊息遊戲，只能看到自己（或者附近環境），卻無從完全得知對手情況，例如德州撲克、星海爭霸。這類的遊戲因為還有猜測成分，所以更困難。林教授不久前在英國與 DeepMind 團隊交流，就得知 AlphaGo 目前已經不會繼續從事圍棋的突破，改以星海爭霸為目標。 在這個遊戲上 AI 已經可以達到跟專業玩家同等的程度。

用遊戲評價 AI 好壞作為判斷 AI 聰明與否的定義仍然有人質疑，遊戲只是人生的簡化版，下棋是在給定的空間中完成，但日常生活中的決策常常是更開放的，並沒有遊戲那麼侷限，而且人生無法如遊戲一般重來，例如自動駕駛在應用上，若是因為失誤撞到人，也沒有重來的機會。在實務運用上，沒有那麼多失敗的機會可以重新訓練 AI。僅用遊戲評價聰明與否，可能太過簡化。

在 AI 發展的第一波起落過後，接下來將進入第二部分。

人工智慧就是知識、網路

麥卡洛克 (Warren McCulloch)、赫布 (Donald Olding Hebb) 等人認為 AI 就是連結，可以用網路展示。其中分成兩群：知識藏於網路中，例如社群網站中的人與人連結當中藏有許多寶藏，或者是語意網路 (semantic network)，當中也蘊含著知識；另一群人認為要編碼 (encode) 這些知識，運用的是人工神經網路（artificial neural network，簡稱 ANN）又稱類神經網路（neural network，簡稱 NN）。每一節點帶有訊息，當容量超過一定的量，它就會被激發，將重要訊息傳遞到下一層。兩者共同的想法就是利用網路，將知識記憶及淬取，藉以解決日常生活中碰到的問題。

人工智慧就是專家系統

有人認為 AI 是專家系統 (expert system)，專家系統係指知識庫加上推論機（邏輯推論）。專家系統中藏有許多知識，多是用 if 及 then 規則存於電腦，例如在醫生系統中，吃多、喝多、尿多的情況，容易被判斷為糖尿病。這通常適用在知識密集之處；除了前述的醫生系統，另一個例子是打造一個 AI 法官，把所有的判決結果輸入，依照過往的經驗對未來的案子下判決。專家系統曾在 1980 年代紅極一時，1990 年代以後沒落。一大原因正是因為知識本身產生不易，通常需要諮詢專家才能產生；再者知識是不斷更新的，新知識產生的速度往往高於把這些知識導入專家系統的速度。以知識為本的專家系統，在面對陌生問題時，知識庫內沒有相關內容，可能就會無從解答。

針對專家系統如何解決問題，林教授以一個邏輯程式語言 Prolog 為例，我們給出的問題是：「蔣中是蔣經的爸爸，蔣經是蔣孝的爸爸，誰是蔣中的孫子？」對讀者而言，可能馬上就能知道答案是蔣孝；對電腦而言，解決時要有一套解決題目的邏輯，以及相關的資料（知識庫）：

若 A 是 B 的孫子，則存在有 X，使得

⑴ X 是 A 的爸爸

⑵ B 是 X 的爸爸

以 Prolog 邏輯表達即：

孫子 (A，B)：——爸爸 (X，A) AND 爸爸 (B，X)

知識庫相關的資料用邏輯語言來表示即：

爸爸（蔣中，蔣經），爸爸（蔣經，蔣孝）

若將本題的中文敘述改寫為程式能理解的詢問句，即：

孫子（？，蔣中）

系統解題過程，會先抓出和「孫子」有關的規則：

孫子 (A，B)：——爸爸 (X，A) AND 爸爸 (B，X)

接著將資料疊帶到變數中：

> 由「B」為「蔣中」可以推論出「X」為「蔣經」，然後又可以推論出「A」即是「蔣孝」，因為本題目的「？」可以對應到「A」，所以「？」的答案就是「蔣孝」。

※這個邏輯推論的過程 Prolog 內建引擎就可以幫忙處理。

如此，便是用邏輯推論加上知識庫解出問題。

人工智慧就是知識工程

將 AI 視為知識的人認為，為了做出完備的定理，AI 需要大量的智慧。Cycorp 公司於 1984 年提出 Cyc（計畫），其願景是蒐集全天下的知識，並且轉譯為電腦可以理解的語言表示。然而要達成這個目標，馬上就碰到幾個難題：

1. 如何蒐集所有知識？
2. 什麼是最適合電腦儲存這些知識的語言？
3. 如何使用這些知識？

雖然 Cyc 如今已經累積了上百萬的知識，但這個計畫仍然不算成功。手動添加知識的速度，永遠追不上新知出現的速度，且大量知識沒有良好的驗證機制來判斷正確、好壞、足夠與否，蒐集變得漫無目的，其應用也相當不明確。在此時就進入了第二次的 AI 寒冬。

人工智慧的第二次寒冬與起飛

這段期間正好是林教授在臺大電機系求學的時光，在他畢業時，曾向專題教授表示不想繼續走電機的領域，滿懷熱情地想要探索人工智慧，而得到的回答是「這是很危險的決定」，這個回答充分體現了 AI 寒冬的氛圍。

林教授仍然記得，十多年前他初回臺大任教時，有資深教授好意提醒不要說自己的研究從事人工智慧，否則收不到學生。這些情況，在 AI 當紅的現在，令人難以想像。這次的 AI 起飛，其實已經有許多產品深入一般人的生活，例如搜尋引擎、推薦系統等，所以林教授認為即使下個寒冬來臨，也不會導致 AI 研究完全的停滯。

林教授表示，基本上有三個不同的 AI 概念，層次高到低分別是：

1. **強人工智慧** (strong AI)

   可以思考而且有「心靈」，就像人一樣。

2. **泛人工智慧** (artificial general intelligence，**簡稱** AGI)

   在外所有行為就如同有智慧的人類，具有廣泛、多元的能力，但不表示具有自我意識。

3. **弱人工智慧** (weak AI)

   又稱「狹隘人工智慧」，指電腦在某個項目上面，例如圍棋，可以表現得具有智慧。

目前的 AI 發展在弱人工智慧是最成功的，可以在某一領域專精到極致，卻無法擁有橫跨不同領域的能力。當前泛人工智慧的發展，仍然未能達到人類幼兒的能力，例如對棋藝高超的 AlphaGo 問「為什麼要如此下」時，它無法產生解釋；想要請問題專家 IBM 華生 (Watson) 下一場簡單的象棋時，它可能無法做到。這些 AI 僅被訓練特定能力，不能「舉一反三、什麼都會一點」。這個結果的最大原因，正是因為現有的人工智慧大多建立在機器學習上，機器學習擅長就是專攻單一目標。

Chinese Room Argument

1990 年代以前，學者們對於 AI 的發展仍希望它可以像人一樣，即泛人工智慧，1990 年代後，愈來愈多學者轉向擁抱弱人工智慧，不去在乎電腦如何產生智慧，只希望它能為人解決問題。哲學家希爾勒 (John Searle) 提出的 Chinese Room Argument：若有個不識中文者被關在一個全是中文的房間，房間中有各種字典與百科全書可以查閱，當此人接收到中文書寫的問題，要先譯為英文，之後從資料中查找，接著把答案傳送出去。對於接受答案的外人而言，在 Chinese Room 中的人彷若精熟中文，但實際上此人只是查取資料與解答，不識中文。而弱人工智慧，就如同是在 Chinese Room 中的解答者，即便無法理解問題中的概念為何義，但是能夠為人提供解答。

▲圖 1-2　哲學家希爾勒提出的 Chinese Room Argument 示意圖。即使位於 Chinese Room 的人不懂中文，也能輸出房外人所需的英文，這就是弱人工智慧。

Chinese Room 被用來爭論 AI 不可能擁有如同人類的智慧，不過當 AI 研究者不再侷限於強人工智慧後，反而使得 AI 領域重新復甦，各種弱人工智慧的蓬勃發展，資料的擴增與搜尋技巧不斷翻新，造成目前百家爭鳴的態勢。

這裡牽涉到一個大哉問：人工智慧是否要類比人類智慧？AI 是指像人類一樣的電腦嗎？若答案為是，但人也有愚笨的，也會犯錯，和人一樣笨的電腦，還能算是 AI 嗎？到後來，愈來愈多學者接受人工智慧是能「表現出有智慧的行為」，不在乎它產生智慧的方式是否要跟人類一樣。

1990 年代後的崛起

1990 年代至今所指的 AI 主要是「有目的性的弱人工智慧」，主要是由大數據（big data，又稱巨量資料）、知識表徵 (knowledge representation)、機器學習 (machine learning) 所組成，這一波的 AI 崛起，主要有三個原因：

1 網路崛起使得資料蒐集變得容易。
2 電腦計算能力愈來愈快，過往難以實現的演算法（例如深度學習）變得可行。
3 明確的評估機制，使得 AI 進化有明確方向，大多是以競賽的形式呈現。

以下簡介 AI 至今的競賽實例：

1. 1996 年的深藍 (Deep Blue) 是第一個贏過人類棋王的程式，它在演算法上沒有特別突破，是利用電腦平行運作能力從事地毯式搜索。
2. 2004 年開始，美國國防部國防高等研究計劃署 (DARPA) 提供 100 萬美金給第一臺橫越內華達沙漠的自動駕駛車，當年所有挑戰者都失敗，但隔年有 5 臺車成功達成，2007 年後甚至推出 Urban challenge，讓它們在市區中競賽。今日有這麼多街景車（如 Google 街景）可以在街上走，是源自 2004 年的這場比賽指引出明確的 AI 發展方向，開始這一系列的研究風潮。

3. 機器人足球賽——機器人世界盃 (RoboCup) 從 1997 年辦理至今，宏大願景是二十一世紀時機器人足球隊可以在世界盃與人類一較高下。當今的機器人足球能力還跟不上成年人類，因此還有一段路要走，但它指引出明確的目標：把球踢入球門，得分，獲勝。
4. ACM KDD Cup 從 1997 年開辦至今，是資料探勘的重要比賽，要建造預測的模型，以準確為目標。臺大資工系團隊在過去是由林教授與同事帶隊，獲得五屆冠軍。雖然每次的題目不一，但比賽的核心精神不變。以 2008 年為例，當時由醫療儀器公司西門子 (Siemens) 主辦，公司核心關切的是醫療相關的辨識功能。比賽過程中，主辦方給出了許多乳癌照片，當中有正常照片夾雜，參賽團隊需要建造能夠從照片中區辨乳癌的 AI 模型進行預測。又或是 2011 年 Yahoo 主辦時，目標是製作音樂推薦系統。
5. 網路影片串流公司 Netflix 會根據使用者在過去下載的電影進行推薦。根據統計，有 $\frac{1}{3}$ 的營收是從影片推薦產生的。對他們而言，只要推薦系統的預測力提高，就能帶來極大獲利。因此他們在 2006～2009 年舉辦了 Netflix Challenge，只要預測力能提高 10% 就可獲得百萬美元獎金，吸引了上萬團隊參加，比賽辦理直到第三年才由二十多人組成的團隊拿到這筆獎金。

這類的競賽，意在鼓勵人才在這個領域精進，是 AI 發展的重要推手。

近年來，幾個科技巨擘也在 AI 與人類的競賽中嶄露頭角：

1. 2011 年誕生的 IBM Watson 是與人競賽回答問題，在設計 Watson 時的目標就是正確回答問題，內建了上百個智慧模組，涵蓋了語言分析、搜尋引擎等等，最後在回答問題競賽《危險邊緣》(*Jeopardy!*) 上，它擊敗了最強的人類❶。目前 Watson 已經被運用在智慧醫療的方面，成效卓著。
2. 2016 年 Google AlphaGo 在難度最高的棋類——圍棋，大勝人類棋王，其設計結合了深度指導式學習與強化式學習，從 3000 萬筆的人類棋譜資料訓練而成。後來 Google 推出的 AlphaZero 沒有使用棋譜，以「自己和自己下棋」的方式訓練，在這當中學習，數十小時的學習便可超越 AlphaGo。它的誕生在某些人看來是不需要資料也能學習了，但林教授特別提醒並非如此。下棋是有侷限的場域 (domain)，可以在自己下棋的過程中得到回饋與獎賞，模擬百分百是真實，才會不需要巨量資料。但是在現實生活中很多問題難以如此，例如想要透過 AI 預測股票明天會不會漲，但人類有股票的歷史僅僅

---

❶詳情請參考本書頁 98。

數十年，而且股票的結果難以透過自己玩股票來獲得。

當無限模擬不可行，就會需要資料。

許多人眼中的 AI 就是**多層類神經網路（multi-layer neural network，簡稱 MLNN）**也就是**深度學習 (deep learning)**，它的發展也是 AI 如今非常熱門的原因之一。深度學習屬於一種機器學習，不同層的類神經網路各司其職，抓出資料中不同層次的資訊，資訊對於想要完成的任務會有不同的影響，應用於辨識上非常有用，能力勝過人類。因為它的火紅程度，近年來許多人進入 AI 領域時，學習的起點就是深度學習。對林教授來說，理解前面的這段 AI 歷史，才能看見這波類神經網路的逆襲。10 年前從事類神經網路的研究很少被重視，因為不符合當時主流，就連現在深度學習大師的方法在當時也無法流行起來；如今因為客觀環境、主觀技術的成熟，它再度重返研究殿堂成為 AI 拼圖中重要的一塊。歷史並非線性，現在看起來沒有發展潛力的技術不應全然捨棄，也許下一波的 AI 革命就會來自這些受人低估的知識。全觀地理解各種 AI 分支及其流變，在下一波極可能扮演重要角色。

人工智慧離終點還有多遠？人類智慧是否接近人工智慧？

現在談 AI 多是指機器學習為主的技術，概念是從大量資料中習得某種方程式，找到資料間的關係。以數學語言來表達，

就是要學會一種 $f(x)$。這個函數若配對到一標籤 (label)，為分類 (classification)；配對到一組 X (set of X)，為叢集 (clustering)；配對到一機率 $p(x)$，為機率模型 (probabilistic model)……組合樣式變化多，但最終目標就是找到高品質的 $f(x)$。目前最多、最成功的應用是分類。

AI 擅長的分類有是非題與選擇題，前者是「兩個選項擇一」(binary classification)，後者是從「多個選項中擇一」(multi-class classification)。對 AI 而言，問答題是其不擅長的，因為可能的回答太多以致**搜尋空間 (search space)** 過廣，如果將問答題的每個字都當作搜尋空間，每個字的 output 就有上萬個，總和起來會是個比下圍棋更難的大數目。另外，問答題的敘述需要理解前後語意及邏輯，這也是 AI 不擅長的。

以小冰寫詩來看人工智慧與人類智慧的差異

為了更好地闡釋人工智慧與人類智慧的不同，林教授以「作詩」為例：微軟推出了「小冰寫詩」的程式，它的作品雖然曾受文學評論者批評，但在一般人眼中，已經很有詩的樣子。它出了詩集，當中的每首詩、包含標題都是出自於其手。微軟小冰曾經化名投稿在平面媒體《北京晨報》、《信報》以及網路媒體《天涯》、《豆瓣吧》、《簡書》，並獲得編輯接受、發表，審查者不知道創作者並非人類，所以在寫詩這方面，小冰堪稱通過了圖靈測試。

像每一座城市愧對鄉村
我才有一個美好的完成
每個失眠的夜晚
我是一個花言巧語的人
隱匿在靈魂最迷失的火
繞出城市的邊緣
美好的
在風裡
最輕微的觸動

▲圖 1-3　小冰寫詩的範例。

小冰的創作流程（圖 1–4）是「以圖生詩」。第一步是辨識圖片，並在訓練過程中大量閱讀詩詞（1920 到 1980 年代 519 位詩人創作的 5 萬多行現代詩），生成時小冰首先會透過**卷積類神經網路（convolutional neural network，簡稱 CNN）**進行圖片辨識，產生出關鍵字。

第二步是預處理圖片關鍵字，經過過濾與相關統計，從資料庫中找出若干與關鍵字相關的高頻率名詞、形容詞作為關鍵概念。

第三步採取前後**遞迴生成 (recursive generation)**，利用語言模型決定每次生成的字，直到句首句尾的符號被生成後停止。傳統語言模型最常使用 N-gram，將資料庫中的詩句統計出一大表格，並記錄給定的字句中，下一個字出現的字大多是什麼、機率為何，接著基於機率選字。這種生成方式也有挑戰，因為是根據文本產出，容易被認為是抄襲。為了修正這個問題，小冰寫詩的最後還有後製篩選作為評價機制，根據詩句的流暢度、詞性評分。太過相似者，如果類型廣泛，就缺少原創性，只是詩詞創作常見用語；如果指向特定詩人，就有抄襲之嫌，宜迴避使用。

第四步要將這些詩句接續連貫，不同句子之間需要連貫，因此需要將每個詩句編碼結果輸入生成模型中，傳遞給下一詩句，讓新的詩句生成過程能夠考量前面的句子。

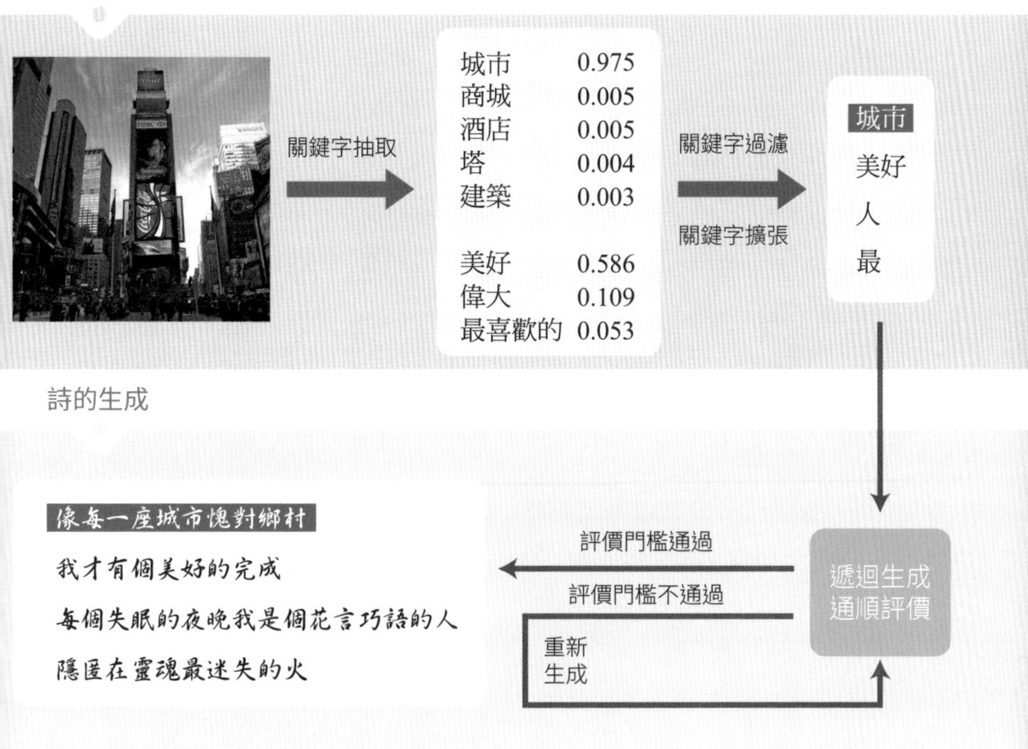

▲圖 1-4　小冰寫詩一首詩的生成過程。

語言模型 N-gram 有一些缺點，它只能考量前後幾個字，僅能計算 *n* 元語法詞組的機率，若是 *n* 過大，電腦記憶體將無法承受過多組合，且同義詞無法學習。在程式設計時，大多希望可以考量詩句中更遠的字，但是礙於搜尋空間過大，空間會成指數型暴增。因此，小冰應用深度學習類神經網路——**遞迴神經網路（recurrent neural networks，簡稱 RNN）**，它可以追溯到更遠的資訊，記錄、更新長期記憶，讓單句句義更加連貫，但所使用的空間較省。

儘管如此，小冰寫詩還是有其侷限：

1. 由於小冰寫詩奠基於資料庫，會常常使用一些慣用詞彙，例如沙灘、靈魂等。
2. 詩字生成是機率算得，沒有控制主題、情緒，變化較少。
3. 某些關鍵字礙於原始資料庫的短缺難以生成（例如「電腦」一詞），只能透過擴張關鍵字予以修正。
4. 圖片可能辨識錯誤，若將一張呈現藍色畫面的 Windows 電腦螢幕丟給小冰辨識，可能被辨識為水，實際上毫無相關。
5. 圖片辨識難以得出動作，因此創作內容多是靜態描述，少出現描繪複雜動作的方式。

綜合以上，可以從小冰寫詩一探人類智慧與人工智慧的差異：

表 1–1　人類寫詩與小冰寫詩的比較。

	人類寫詩	小冰寫詩
動　機	抒發情感、參加比賽、交作業、就是想寫……	人類按下「執行」
意識到在寫詩	是	否
瞭解什麼是詩	是	否
機率計算	否	是
深　度	可深可淺	較淺

針對人類智慧與人工智慧的不同能力，還有以下分別：

表 1–2　三種階級的人工智慧與其對應的能力。

	基礎智慧（學齡前）	中層智慧（成人前）	高階智慧（非所有人都有能力）
AI 做不到	自我意識	思考	
AI 能做但比不上常人	一般運動、對話	理解、推理	職業運動
AI 能做到如常人水準	辨識物體、人臉	學習 *	發明、創作、專業能力
AI 遠勝人類		遊戲（棋類）	決策

三個直欄的分類依據是人類能力，從學齡前兒童就會的基礎能力到智識增長之後能做的技能。

一、兩歲的小孩就已經有自我意識、會一般的運動、簡單對話，能夠辨識物體、人臉，而這些能力單獨對電腦來說都有機會達成，但是電腦卻很難全部都擅長。

在中層智慧，人和電腦都可以學習，但兩者學習的內容、方式不一，因此以星號 (*) 註記。人看到資訊以後會思考其意涵，但是對電腦而言只會存入某一資料庫或是網路中，這個過程就不同於人類的思考，電腦也無法理解，而推理在人類與電腦上也有不同的意涵，端看如何定義。至於遊戲，電腦已經很拿手規則明確、目標清楚的遊戲。

在高階智慧，主要是成熟有智慧的人類方能夠達成的，例如政府官員必須決策，學生也需要決策研讀內容、科系選擇，或是一般人的股票買賣，在這些任務上面電腦也可以做得很好。人能夠發明、創作，電腦也已經可以達到或勝過一般人。人類有的專業分工能力，電腦也可以達成。高階智慧多是 AI 可以達成的，少數無法媲美人類的是包含移動的職業運動，這可以從前述對於 AI 應用於足球的實例中印證。

整體而言，人工智慧與人類智慧呈現以下趨勢：有很多任務對人類而言簡單，但是對 AI 而言卻滿困難的；相對地，有一些 AI 擅長的任務，對人類來說反而覺得困難，這又稱為莫拉維克悖論 (Moravec's paradox)。人腦與電腦的構造本就相異，電腦是由眾多 IC 面板組成，人腦構造有血有肉，以神經元傳遞訊息，所以要求電腦與人腦用一樣的模式思考本來就不合理。

在這個情況下，AI 的研究必須思考如何讓電腦在人類可達成的事情上表現如同人類？如何精進本來已經很好的部分？

林教授分享，這幾年有個日本的 AI 程式「東 Robo 君」原本以考上東京大學為目標，但最近宣布放棄。這是因為機器學習的「智力」不高，有些問題並無大量訓練資料，且題目敘述對電腦而言難以理解。機器能夠「學習」，但不會「思考」，因此雖然有些問題對人類而言十分容易，對電腦而言卻難解。

人工智慧能帶人類走多遠？走向哪種未來？

對於 AI 未來的發展，主要有樂觀視之與悲觀取向兩種看法：

1. 樂觀論者認為，未來泛人工智慧會成功，電腦終究會擁有廣泛的人工智慧，並將成為有能力又不自私的奉獻者，與人會有更多合作，為人類解決難題。雖然許多人擔心 AI 會取代人類的工作，但 AI 也會如同過往的工業革命、資訊革命一般，成為人所使用的工具，創造更多工作機會，帶來更多可能性。
2. 悲觀論者則認為 AI 會帶給人類社會負面影響，大眾最擔心的就是 AI 會做出危害人類之事，但電影情節中 AI 產生自我意識來統治人類是當前最不需要擔心的，自我意識是目前短時間內還無法達到的技術。

AI 其實就如同核能與核子彈，本身沒有好壞，端看使用者是誰、如何利用。某種 AI 危害人類的形式，是因為它被惡意使用。AI 也有可能因為訓練不足，在執行命令過程傷害人類，例如：在戰爭中對 AI 下令殺戮敵軍，AI 可能會判斷投下原子彈大範圍的毀滅，因為這是 AI 根據命令判斷所得出的最佳解。單單一句殺戮敵軍的命令， AI 可能無法理解背後還有其他意涵。在訓練過程中，人們會給 AI 回饋獎賞，卻沒有納入所有可能情況，就有可能為了達成目的產生非預期的負面後果。

近年來哈拉瑞 (Yuval Noah Harari) 提出：AI 的智慧決策可能優於並取代民主政治參考眾人之志作為決策考量的特點，將會使得權力更容易集中於少數菁英，侵蝕自由平等、抵消民主政治優勢。當前的智慧決策演進尚未如此發達到政治決策可以完全仰賴之，但在不久的將來的確有可能發生。

AI 的安全性也令人堪憂，已經有研究顯示機器學習可以被攻擊，例如人臉辨識中 AI 可能被欺騙，只要受測者戴上面具或在臉上點一些痣，就有可能假冒他人並成功騙過 AI 的辨識。

中性地看待，根據臺大法律所顏厥安教授的分析，未來不是 AI 像人，而是人愈來愈像 AI。AI 的普及讓人類走向「演算法社會」，為了要和生活中的 AI 溝通，必須使用它能理解的語言、模式。

我們預測的未來是準確的嗎？

在針對 AI 的進展提出結論與預測， 林教授先分享了一張網路上流傳的圖，當中說著 2006 年人們以為 10 年內人類可以治療癌症、居住月球、世界和平；快轉 10 年以後，2016 年的場景是高速公路上警示「禁止在駕駛時玩寶可夢」。從這個小故事，林教授想要指出的是預測的困難性，不論是 AI 抑或是人來預測，都可能有偏誤；然而預測仍有其必要性，帶給人們可能的方向。根據他的經驗，他認為 AI 未來將會有以下發展：

首先，純粹機器（深度）學習的方法可能無法達到 AGI，應結合其他 AI 技術，例如知識導向，比較容易達成任務。另外意志、心靈在短時間內恐怕還是 AI 無法習得的能力。

第二，人類決策模式可能轉變，對 AI 的信任度提升，例如目前買股票時決策者可能都是自行思考，但若未來電腦推薦的股票都能賺錢、電腦給的各種建議都愈來愈好，決策時的考量就會改變。當今搜尋引擎的使用也正是如此，搜尋結果愈是前面，愈容易被人點閱；反之，排序在後者少被注意。在使用搜尋引擎時，人的決策正是搜尋引擎給出的選擇題。

第三，新的技術可能會帶起下一波 AI 高峰。目前這波是深度學習，也許未來會看到更新的技術出來。AI 領域的特點在於不是應用帶領著技術，而是技術帶領各種應用發展。

第四，AI 目前大量被運用在學者們的基礎科學研究上，林教授看好 AI 未來能與人類共生共榮。將來能夠找出愛滋病新藥的，也許不是醫學專家，而是人工智慧。未來的諾貝爾獎，也許將由 AI 與人類一起獲得。

最後，以安全、透明、具倫理觀念、可和人類協作的強人工智慧還有一段路要走，這在研究、應用上都還是待解之題。

演講之外：問答大彙整

究竟如何做到以資料間的關係構成網路來形成智慧？

林教授說明，資料和資料之間會有連結，知識就存在於巨大的網路中，可以回答不同問題。例如針對「蘋果是什麼顏色？」可以檢視蘋果所連到的節點是什麼顏色。當眾多知識連成網路時，在網路上就能回答各種問題。又或者以 Google 為例，搜尋引擎跑的演算法將整個網際網路 (internet) 作為一個大網路，像是鍵入關鍵字「CASE」以後，搜尋結果第一名可能是臺大科學教育發展中心，為什麼不是其他呢？因為 Google 會自己執行頁面排名演算法 (page ranking algorithm)，給每個節點標註重要性，當某個網站被很多人連結，其重要性就會上升。重要的網站再連結出去，被連結者的重要性也會上升。這個網路可以讓人們判斷什麼網站重要、什麼網站不重要，更利於搜尋。

某些對人類而言評價經驗、直覺來執行的作業——如揀地瓜葉，並無規則可言，那麼 AI 又會如何執行呢？

AI 無法自己分辨好壞，需要從資料中學習，不能無中生有。從機器學習的角度來看，要「教」它。AI 可以針對地瓜葉看了夠多的採集結果、累積充分資料，從這些資訊判斷優劣。另外也可以用知識，例如給定「好」的定義，如顏色均勻、葉緣齒紋夠深等等，讓機器判斷。

電腦的自我意識為何難以生成？能不能讓電腦從自我保護開始學習？人因為有了自我意識而彼此競爭、帶來進步，這在 AI 是否可行？

電腦的行為機制是接收 input、產生 output，沒有任何機制來「知道」自己是電腦。從哲學的角度切入，這是個很深的問題。人為什麼有意識？有人試圖從數理模型解釋，但尚未成功。當人都無法理解自己為何有意識，就很難賦予電腦意識。即便要電腦保護自己，也只是個命令，只是個透過一些規則來要求達成的動作，電腦可以表現得像有自我意識，但這僅是從一堆 if、then 等規則控制，能做到不代表有自我意識。

AI 可能被運用在具有倫理爭議之處，社會是否該限制 AI 研究發展？

這個問題可以被分成兩個層次：要不要、能不能。政府可能應該限制 AI 在危險領域發展，例如前陣子 Google 想和美國國防部合作，受到反對。這是因為人們希望 AI 不要被用在可能傷害人類的地方。然而，限制 AI 的研究在林教授看來很難執行也不切實際，因為發展機器學習的過程，難以控制它被用在什麼地方，想要 AI 學得更好、又想要限制它的能力，會讓研究難以持續。很多研究可能也很難判斷目前賦予 AI 的能力可不可能被用在不良用途。

科學家都希望科技能愈來愈厲害，但也不希望它被用在不好的地方。這不只是科學家的責任，也是整個社會的共業，需要其他的機制來限制它如何被使用、發展。「人為什麼有智慧？」是個幾千年來大家都在想的問題，在這個過程中，很難讓大家停止怎麼去想、如何增進 AI 能力。只能期望有個機制，在它愈來愈有智慧的時候，防止它被用在不好的地方。

未來可以演算、決策的工作，是否統統可以被 AI 取代？

如果是根基於大量資料做決策的理性工作，比較容易被取代；如果是常常需要溝通、瞭解他人的工作，這些情感層面的決策工作是不容易被取代的。

AI 和硬體發展的關係為何？是否有相輔相成的成分？硬體發展領域有什麼是有潛力的？

機器（深度）學習和硬體發展非常相關，因為這是運算為本的。若能將硬體儲存空間增大、計算速度增快、平行處理能力變強，就可以馬上讓 AI 獲益。臺灣目前正在推動「AI for Hardware」、「Hardware for AI」，前者是把 AI 技術用在硬體提升，後者是把硬體運用在 AI 使之表現更好，兩者相輔相成。這陣子深度學習的快速發展，實際上是因為圖形處理器 (GPU) 的進步而可以快速計算，很適合深度學習運算模式。結合以後，原本需要花費幾年計算的問題，幾天就能獲得解答；幾天的問題，幾小時就有答案。目前在很短的時間內就可以用 AI 建立模型解決問題。硬體專家希望怎麼樣讓 AI 演算法跑得更快；AI 研究者也希望演算法在硬體運用上更好。

早期機器翻譯基於文法規則是失敗的，但後來成功是基於統計模型。臺灣學生從小到大學英文都是從文法規則開始，是不是要回頭向 AI 學習？

電腦、人腦不同，各有所長。電腦記憶力好、計算很快，人腦卻是長於其他地方。目前機器翻譯還沒有完全成功，Google 翻譯還有進步空間。先前轉成統計做得比較成功，是因為它算得快、記得多，但人無法做到。從這個例子，林教授想特別說他認為在電腦上可以成功的方式，在人身上未必可以做到。從語言學習來說，人未必需要文法，例如母語的學習是在情境中學習的，重在情境中多學習，而第二外語需要文法學習，是因為可以加快學習速度，也有人是以在異地生活為學習方式，全然浸淫於外語環境。

什麼是知識導向的技術呢？

AGI 到底該怎麼做？林教授雖然提供了自己的見解，但也不保證方向全然正確。林教授認為機器學習無法發展為 AGI，是因為機器學習要對各個目的訓練不同的小模型，但人類有太多行為需要從事。人們希望的 AGI，是訓練出一個更一般性的模型，可以廣泛從事各種工作。林教授之所以認為知識有用，主要是因為某些高階的知識，可能得以跨領域運用。

提問 當前流竄的假新聞是否由 AI 寫出的？如何快速辨別是否為機器寫的假新聞？

「如何判斷」不是個好問題，因為假新聞有很多種：第一種是有人刻意傳送假的資訊；第二種是電腦寫的，但寫出的內容是對的；第三種是置入性行銷。要判斷是否為電腦做成、是否為置入性行銷，比較容易，可以用機器學習，先讓電腦閱讀大量資料，從這些新聞中學習分辨。最難的，是人類為了遂行某個目的，創造假新聞告訴世人它是真的，這對電腦來說也難以判斷，需要人為求證。[2]

---

[2] 詳情請參考本書頁 203。

若想帶領學生理解 AI 領域，要從何著手？若是自己想學習，針對不同程度者，有什麼建議？

林教授曾帶領的人工智慧教育部推廣辦公室就與此息息相關，數個月前釋出了 AI 人工智慧課程地圖，讓有興趣進入這個領域的人有一個指引，提供課程建議，並列出所有國內外的線上課程資源。

AI 並沒有綁定某一程式語言，現在是百家爭鳴的時代，幾乎所有語言都有相對應的工具。林教授建議選簡單的開始，例如 Python，先有程式語言概念，就可以開始接觸 AI 演算法，使用一些函式庫 (library)。教授不建議花太多時間思考要選哪個程式語言，只要能夠上手，把程式當作學習 AI 的輔助機制，會更有幫助。

AI 演進變化不斷，3 年前的技術有許多已經被淘汰，當前技術未來也不知是否被淘汰。大量學習細微技術可能沒有意義，但是透過這段歷史，可以看到某些技術會起死回生。林教授建議國、高中老師帶領學生宏觀地瞭解整個 AI 歷史、人物傳記、對 AI 的不同看法，這會比直接學演算法更有益。網路上的 AI 樣本 (demo) 可以帶領學生理解一些基本概念，從此處著手是個好開始。

各國目前都在推崇 AI 發展，並且試圖將年齡層向下延伸，最基礎的就是數學與程式。所需的計算邏輯可以從小培養，有這樣的基礎上再架構 AI 知識，會比較有意義。數學方面，機率、線性代數對機器學習都非常重要。

認識歷史，放眼未來發展

林教授的分享講述了 AI 發展歷程，在起落的過程之中，可以見得現在看起來落伍的技術，在未來或許會回鍋成為寵兒。AI 所指意涵演變至今變化繁多，所追求的目標也不同。

最早圖靈測試將對話能力作為判斷機器智慧的標準，而後 AI 被一些學者作為搜尋目標的工具；另一派學者將人工智慧視為玩遊戲的電腦，然而遊戲是人生的簡化，日常中更多的是開放式問題，難以類推，且人生不如遊戲，無法重來；將智慧視為連結的學者，認為知識藏在網路連結裡；將 AI 視作專家系統者，以此來協助知識密集的任務，例如 AI 醫生、AI 法官。但是判斷依據依靠過往的事例，當新穎的問題出現，舊有的資料庫便無法回答；Cyc 希望建造知識工程，然而手動輸入的知識，永遠比不上新知識生成的速度，AI 自此陷入寒冬。

隨著網路便利資料搜集、電腦演算能力上升，確立評估機制再度崛起。AI 可分為三種：強人工智慧、泛人工智慧、弱人工智慧，目前的發展以弱人工智慧為主。AI 發展有其便利，但也有隱憂，如何讓這項科技不用於危害人類的目的，是整個社會都需要思考的。

對於有心從事 AI 領域者，應有基本的機率統計、線性代數、程式設計能力。對於國、高中生，應先以概念瞭解為重，瞭解整個 AI 發展脈絡。

CHAPTER 2

開發機器的學習潛能——鑽牛角尖或舉一反三？

講師／國立臺灣大學資訊工程學系教授　林軒田
編輯彙整／陳璽安、羊敏丹、楊于葳

進入「機器學習」領域的契機

1990 年代是人工智慧的寒冬，機器學習也是在這個寒冬之中慢慢發展起來的。幸運的是，2000 年 5 月，我還是臺大資訊工程系學生時，在大學專題製作的契機下，加入了林智仁教授的實驗室，接觸到**支撐向量機（support vector machine，常簡稱為 SVM）**的相關研究。一直到 2018 年，正好經歷了一段機器學習相關研究蓬勃起飛的時期。若時光重返，當時的臺大資訊系除了林智仁教授以外，其實沒有任何一位教授專注在做機器學習的研究，也沒有任何相關課程，更沒有聽說過「支撐向量機」這樣的名詞。近 20 年過去，林智仁教授的實驗室當年所開發的支撐向量機的軟體，恐怕已經成為全球最多人引用的機器學習軟體，在 Google Scholar 裡面的引用次數，更是高達三萬多次。

我們再把鏡頭拉回到 2000 年，在林智仁教授的指導下，我學習如何給機器下不同的參數，瞭解機器如何做出不同的變化與分類等。這一路走來，我始終覺得，作為一個機器學習的研究者，就是要瞭解用什麼樣的步驟去駕馭機器，才能達到最佳的學習表現。

「會揀土豆」的機器學習軟體——圖形介面

剛進入林智仁教授實驗室時，我對機器學習軟體的第一印象是「電腦嘛會揀土豆喔？」打開林智仁教授的實驗室網頁，可以發現一款「會揀土豆」的機器學習軟體（圖 2–1），大家可別因為簡易的外觀而小看它，看似簡單的二維圖，實際上是在用不同顏色的點「教導」機器如何分類。

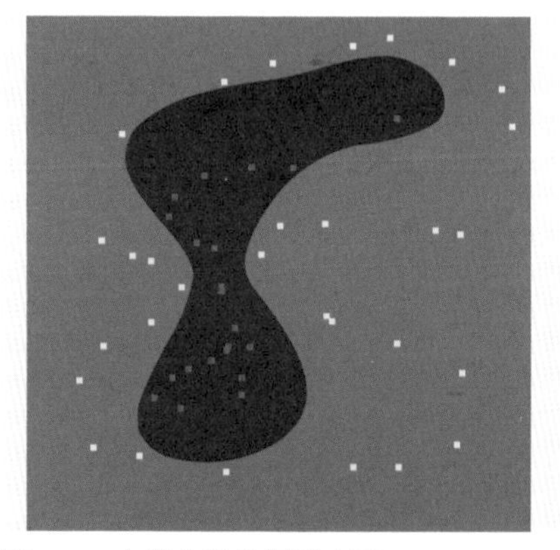

▲圖 2-1　支撐向量機圖形介面 (graphic interface) 示意圖。掃描右側 QR code 可線上下載實際操作。

讓我們先簡單地對這個軟體進行一些操作：我們給電腦一些紅色、黃色、藍色的點，3 種顏色各自分布在不同的區域，請機器學習一套策略，判斷一個新的坐標點應該是什麼顏色(圖 2–2)。

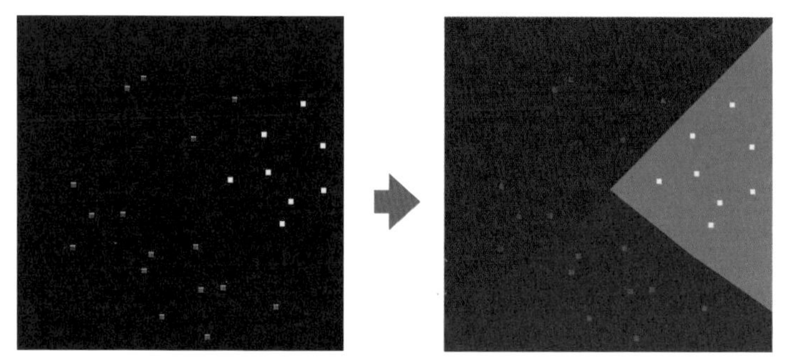

▲圖 2-2　用 3 種顏色圓點的分布，讓機器進行簡單的學習；右圖所示的上色區域，表示機器判斷落於該顏色區塊的點即屬於該顏色。

理解電腦的簡單運算後，我們可以試著讓運算過程變得更有趣一點。如果我們在剛剛的紅色區域裡，加了一些藍色的點，會發生什麼事情呢？電腦進行分類之後，藍色區域看起來偏過去了，但是偏得並不好，有一些藍色的點還停留在紅色區域裡面（圖 2–3）。

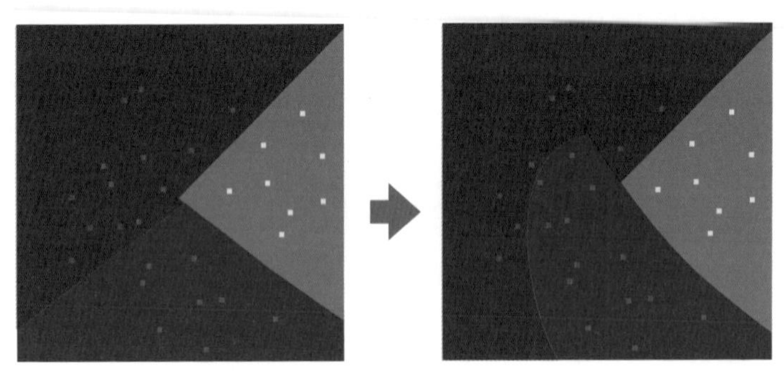

▲圖 2-3　在紅色區域增加藍色的點，讓電腦進行複雜的運算，結果變成紅色與藍色的點，彼此在各自的區域出現。

為了得到更好的分類結果，我們就必須要改變電腦運算參數，讓電腦演繹出不同的結果。改變參數後（圖 2–4 左），可以看到藍色的點似乎都涵蓋在藍色區域之內了，但是尚有紅色的點跑進藍色區域，這時我們再一次改變參數（圖 2–4 右），藍色的區域包圍了紅色與黃色的區域，而且不同顏色的色點，都在各自的區域之內，這是一次看似成功的演繹結果。

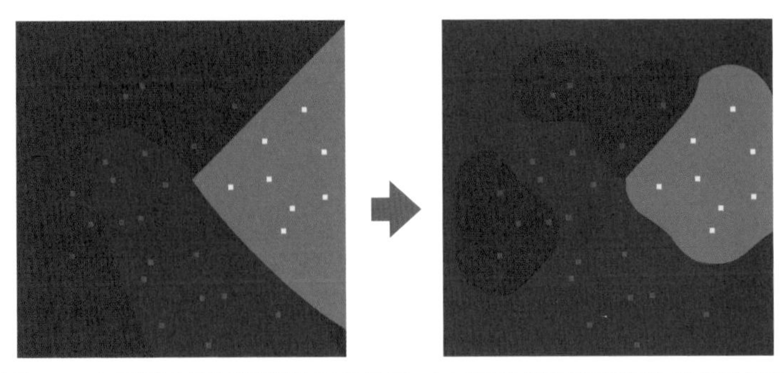

▲圖 2-4　左圖藍色區域混雜著紅色的點；右圖藍色區域包覆紅色及黃色區域。

雖然都是分類，巧妙卻各有不同

但是，除了這樣的分類方式之外，難道就沒有其他形式嗎？如果我們再一次地改變參數，又會得到另一種分類結果（圖 2–5 左），同樣都是「分類」，但是機器卻認為大部分的地方都是屬於藍色區域，只有少部分的地方屬於紅色、黃色區域，這樣似乎又有點**鑽牛角尖 (overfitting)**。

經過調整後，機器總算不會過於「鑽牛角尖」了（圖 2–5 右），但似乎又有一些紅色的點卻跑進了藍色的區域，這是機器運算後在已知的資料中所犯下的錯誤，這個錯誤究竟是「好」還是「不好」呢？作為機器學習的研究者，我們最主要做的事情，就是判斷什麼樣的情況機器太「鑽牛角尖」了，什麼時候該稍微「大而化之」一點（也許犯了一些小錯沒關係）。

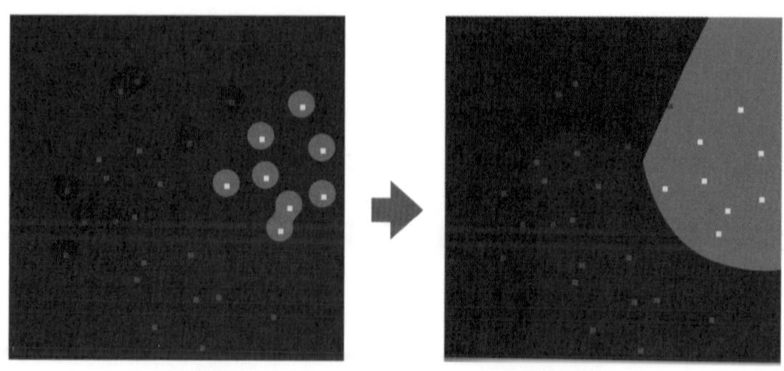

▲圖 2-5　改變參數讓機器進行不同的運算後，得到的結果。

探討有什麼樣的步驟可以駕馭機器學習，就如同遠古時代的人們開始會用火之後，就要想辦法控制火力，如果控制不當，就會引火燒身。在人類逐漸熟練駕馭火的技能後，我們就可以把火的能量轉化為不同的動能，如汽車引擎內的火、飛機引擎內的火等。在機器學習中，這就對應到如何讓機器做出合理的決策，而不要過分地鑽牛角尖，才能讓機器學習的結果真的為人類所運用。

機器學習是什麼？

機器學習到底是什麼呢？要介紹機器學習前，也許我們可以先想想什麼是「生物學習」。簡單來說，生物學習可以想成是透過觀察累積經驗，運用腦袋裡的**神經元 (neuron)** 去做處理以獲得技能的過程。只要是人或者是各種動物，我們看得到的各種生物體都在學習。就像小孩子學習語言，他們會觀察身邊的人怎麼講話，經過他們的腦袋內化，然後變成自己理解語言的技能、說語言的技能或是讀語言的技能等。那同樣地，今天如果我們在學習的是「物體辨識的能力」，也許是用我們的視覺在對這個世界做觀察，累積了一定的資料量後，在腦袋中處理，最後我們才能學會辨識物體的技能。

而機器學習說穿了，就是在機器裡面做一樣的事情，生物體經由「觀察」得到的經驗，在機器學習裡面相對應的就是我們在電腦裡面所操作的數位「資料」。也就是說，機器學習是由資料中做出分析、估計與歸納，來獲得技能的過程。我們透過機器學習的過程，希望電腦能夠學會某一種技能。

機器學習在學什麼？

那什麼是技能呢？如果我們要用一個比較市儈的方式來定義，技能其實是某一種成績變好。我們在國中、高中時，老師要衡量我們有沒有學到「數學的技能」，也許就是數學考試的表現如何。要衡量「英文的技能」，那也許是英文考試的成績好不好。雖然說成績在教育上不是評量的唯一標準，但我們總希望要有某個東西變好。在機器學習的世界裡面，我們想要機器解決什麼問題，我們就會對它在這個問題上的表現打個成績。例如剛才提到的「分類」問題，那麼「分類準確度」大概就會是個打成績的方式。

所以，如果我們要下一個更具體的定義，即機器學習就是想辦法從資料中分析、估計與歸納，最終提升了某一項成績表現。舉例來說，如果把機器學習用在股票預測上，我們給機器學習過去 10 年、20 年各種不同股市的資料，希望機器能夠預測股票。我們的目標當然是要得到好的投資表現，這個「好的投資表現」就是我們所在意的機器的成績，有了成績之後，就可以說我們的機器真的學到東西。如果因為某些原因，機器學一學後，反映出的投資表現不好，我們卻照機器的建議去投資，那麼很可能讓我們的投資一敗塗地。

讓人常常混淆的：巨量資料（食材）、機器學習（工具）、人工智慧（菜餚）

我們常常提到巨量資料（又稱大數據）、機器學習、人工智慧等，那麼機器學習跟人工智慧有什麼不一樣呢？機器學習跟巨量資料又有什麼關係？根據剛才的說法，機器學習就是從資料出發，做了一些處理之後，提升某項成績表現。巨量資料則是大約在 2000 年起，隨著網路應用的發展，開始蒐集、累積起來的，成為了當代機器學習「能夠做得好」的一個非常重要之能量。而「提升某項成績表現」這件事情，在當代來說，就是我們要的人工智慧。如果我們再退一步做比喻的話，巨量資料是我們要做某件事情的出發點，就好像在廚房裡面的食材一樣；而人工智慧就是我們最後想要端出來的菜餚，一道一道的菜也許是股票預測或者是商業應用，也有可能是推薦系統等。中間我們所使用的工具與步驟，就是我們所說的機器學習。

現在許多公司有「首席資料科學家」，這個角色每天帶領公司內部非常優秀的一群機器學習科學家們，讓他們得以發揮各自的專長，就如同一位餐廳主廚，主廚的工作就是領導餐廳裡面的其他廚師，用正確的工具、正確的步驟，端出最好的佳餚。

為什麼要用機器學習？

機器學習其實是打造人工智慧系統的其中一條路徑，也就是說，要實現人工智慧有許多方法可以運用，但在當代，機器學習已經成為了實現人工智慧的主流路徑，這是為什麼？我們先來看一個例子：當我們拿到一張圖片，需要請電腦確認照片裡是否有一棵樹，那麼我們該怎麼給電腦下規則去描述它呢？

我們可以先從定義「何謂一棵樹」開始，譬如要被辨認成一棵樹，圖片至少要有多少比例是綠色的、樹枝的定義是什麼、樹根的形狀等，接著把這些規則寫下來，然後變成程式碼。這樣的操作方式，便是資訊領域裡說的「規則定義」。不過看到這邊，你可能會想這不過就是一棵樹，有必要這麼麻煩嗎？我們教三歲小孩，學幾次就會了，為什麼要寫出一堆的複雜的程式碼來教導電腦呢？其實，機器學習正是希望實現這個可能性：讓我們的機器如同三歲小孩一般，可以透過簡單的方式學會辨識「一棵樹」。因為對於智慧的植物辨識系統來說，「規則定義」實在太過繁雜，走「機器學習」這條路比走「規則定義」這條路，可能更容易實現。

機器學習 vs. 人類學習

我們從巨量資料出發，經過機器學習得到人工智慧，這個過程中似乎沒有「人」的因素存在，但其實箇中常常涵蓋了許多「人類學習」。「人」也可以看資料、分析資料，或者可以想一想他能夠從這些資料中學到什麼樣的東西，這就是我們所謂的人類學習，而現有知識領域裡的所有資料，即是幾百年、幾千年的「人類學習」的累積，在資訊領域裡，我們將這些累積的知識稱為「人類智慧」（專家知識）。實現人工智慧的其中一種方式，便是我們將「人類智慧」變成電腦看得懂的東西，讓電腦直接去運用，我們將這種途徑稱為「專家系統」。

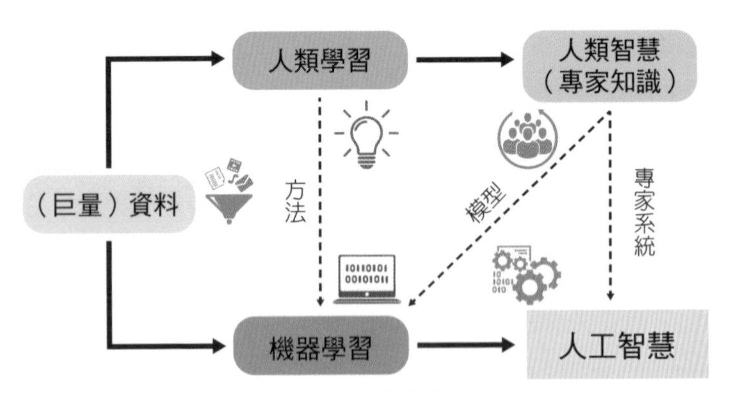

▲圖 2-6　巨量資料、機器學習與人工智慧的路徑。

單從名稱來看，機器學習與人類學習似乎涇渭分明，但這兩者之間常存在著相輔相成的關係。為什麼這麼說呢？這是因為我們可以將人類學習的結果，放入機器學習的模組裡，實現人工智慧。我們可以將人類的醫學知識步驟化後，建立成機器學習的方法模型，讓機器透過病歷資料學習診斷；我們也可以模仿人類學習的過程與方法，來設計機器學習的流程。

再舉一個例子，我的研究團隊先前做過一個颱風強度判讀系統的研究，在設計分析影像用的「卷積神經網路」的學習方法時，前人對於颱風判讀的研究便是重要的參考文獻，在這邊便可以說我們結合了「人類學習」與「機器學習」。再來，我們也可以進一步地將人類所理解的颱風特性——旋轉不變性，放入模型之中，模擬專業氣象的視覺辨識方式，進而增強機器學習判別颱風強度的能力（圖 2–7）。透過這樣與人類協同合作的方式， 機器學習可將**進階德沃拉克技巧 (advanced dvorak technique，簡稱 ADT)** 的判讀誤差降低近 20%。

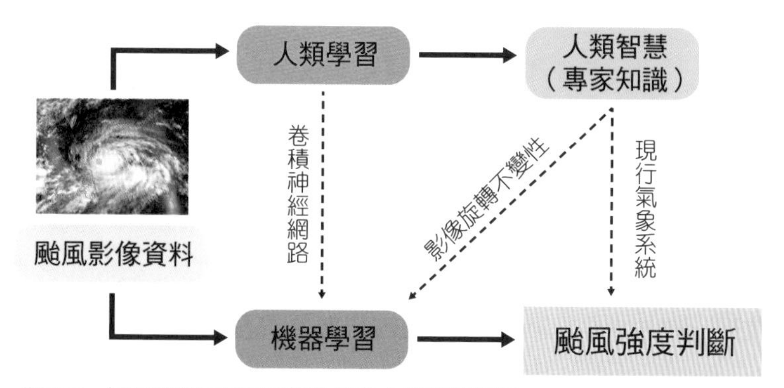

▲圖 2-7　機器學習判讀颱風影像資料之學習路徑圖。

機器學習應用三要素

機器學習的確可以為我們帶來許多便利，但並不是任何的問題都用機器學習來解決，檢視以下三個要素，可以幫助我們決定是否有機會使用機器學習：

1. 要判斷這個問題有沒有可學習的規律性，要具備可學的規律性，我們才有可能提升某項成績；若沒有一定的規律性，那麼我們就算花再大的力氣，機器可能都沒有辦法提升好的成績表現。
2. 我們需要瞭解這個問題是否具有很容易就能夠寫下來的規則與定義，假若可以輕易寫出，我們也不需要運用到機器學習，因為運用這些規則與定義，往往比建立機器學習模組、調整參數還要來得容易許多。
3. 我們需要與這個問題的規律性相關的資料，這樣才會有「原料」可以開始進行機器學習。

若不具有這三個要素，那麼機器學習的可行性就不夠高。

舉例來說，我們可以將機器學習運用在「信用卡核卡」上，透過申請人的背景資料，判斷核卡風險高不高。這個問題直覺上可以假設有可學的規律性，此規律性可以被表現為一個理想的核卡函數，能判斷是否給予申請人申辦信用卡；但此規律性雖然「直覺」卻「未知」，也沒辦法輕易的程式化，不過銀行裡顯然有許多與這個理想的核卡函數有關的歷史資料。這三個要素合起來，讓我們知道機器學習是有可行性的。

於是，銀行可以用機器學習由這些資料中去學到一個函數，來「貼近」未知的理想函數（圖 2–8）。學到的函數未必完美，但若是夠接近理想的函數的話，銀行就可以加以運用來提升銀行核卡的判斷準確率。

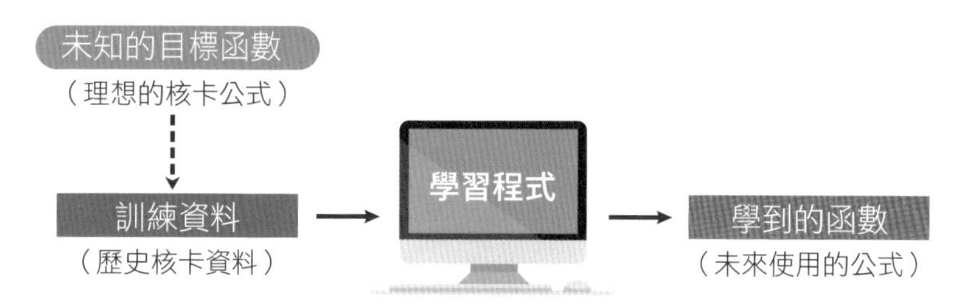

▲圖 2-8　機器學習運用在信用卡核卡的做法。

機器學習的方法

知錯能改法

信用卡核卡的機器學習其實可以用先前的顏色分類問題解釋，我們可以在二維平面中加入一些點，讓橫軸是收入、縱軸是負債，這些「點」的顏色代表「發卡」（藍點）還是「不發卡」（紅點）。在機器學習當中，線性分類模型是一種常見的模型，是指從資料學習出一個線性函數，利用這個線性函數所代表的直線，可以把已知資料中的「發卡」和「不發卡」的不同做出分類切割。

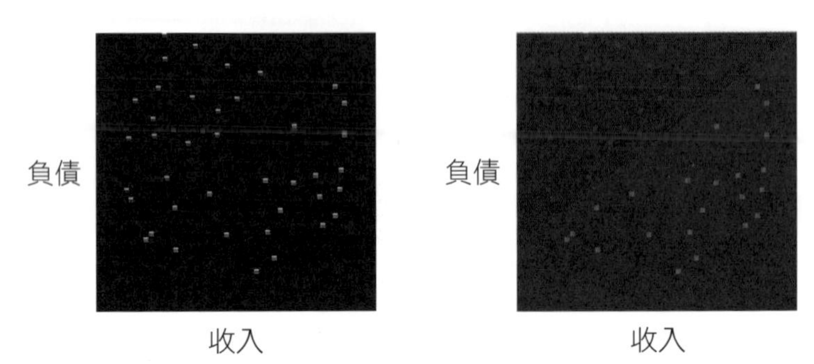

▲圖 2-9　利用線性分類模型分類發卡與不發卡的點。

在下面的例子中（圖 2–10），我們用藍色的圈代表「發卡」，紅色的叉代表「不發卡」。將資料輸入機器後，我們可以得到一個圈叉散布圖，接著在散布圖中隨意畫一條直線，看這條直線是否能把圈叉完美地區隔。知錯能改法就是：依序檢查每個點是否有被正確分類，若發現一個錯誤的點，機器會根據錯誤的情形將直線順時針或逆時針轉，針對這個錯誤去修正，接著重複這個步驟，直到所有的圈跟叉都被直線完美地分割為止。利用線性分類模型以及知錯能改法，我們便可將最後得到的線跟函數，當作學習到的信用卡核卡策略。

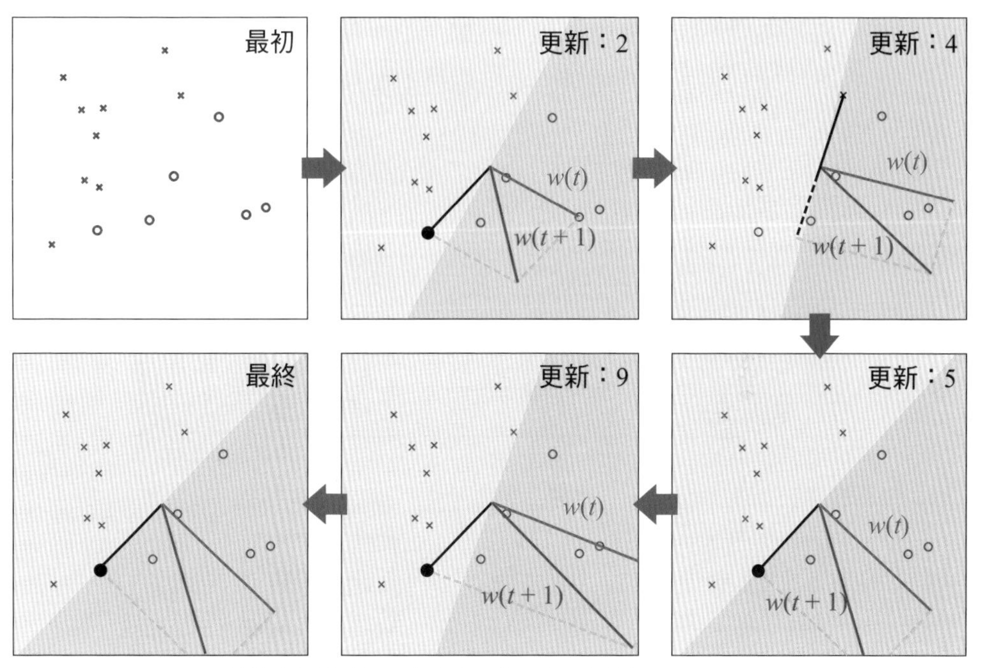

▲圖 2-10　線性分類模型與知錯能改法修正之過程與結果。

人工智慧起源於 1956 年，在萌芽初期的 1957 年羅森布拉特 (Frank Rosenblatt) 便提出知錯能改法，而它的原名其實是**感知器學習法 (perceptron learning algorithm)**，是模擬人類「單一神經元」的運作而設計出的機率式邏輯推論模型。嚴格來說，這是一個心理學家設計出來的方法，還不是資訊科學家提出來的，卻是公認的「第一個」機器學習方法；然而，因當時的電腦無法支撐邏輯推論需要的龐大計算量，以及海曼・閔斯基 (Hyman Minsky) 與派普特 (Seymour Papert) 於 1969 年提出感知器學習法的應用限制，再加上越南戰爭的緣故，種種因素導致研究領域經費縮減，人工智慧的發展面臨了第一次的寒冬。

分而治之法

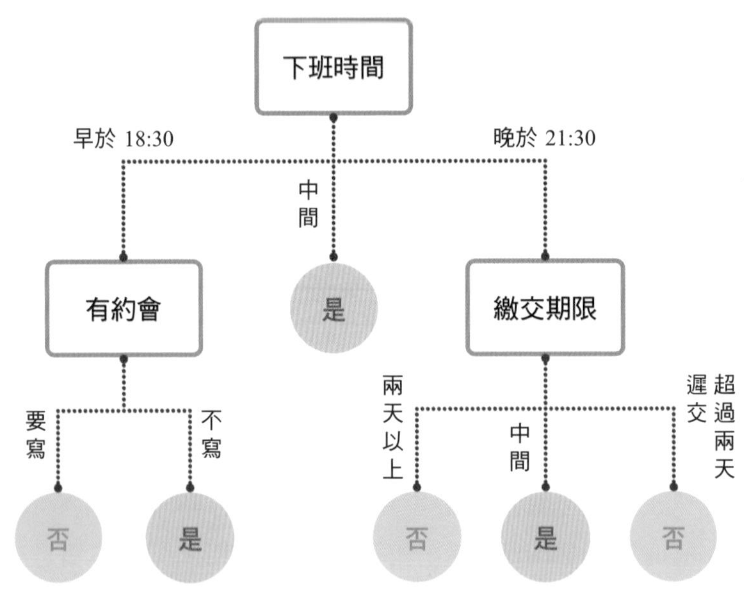

▲圖 2-11　一位上班族在下班回家後，決定是否要寫線上課程的作業時使用的決策樹。

分而治之法的原名是**決策樹法 (decision tree algorithm(s))**，是一個模擬人類做決策的過程而設計的機器學習方法。舉例來說，圖 2–11 即是一位上班族在決定下班回家後是否要完成線上課程的作業時，可能會使用的決策樹。

▲圖 2-12　圖解機器學習的 QR code 連結，該網站由林軒田教授協助翻譯。

分而治之法做的事情，就是決定要用哪些資訊做切割，以建立出如上圖的決策樹。接下來我們以「圖解機器學習」這個網站中所顯示舊金山和紐約的房屋資料為例，假設今天每一筆房屋資料都包含海拔、價格、年分等資訊，要讓機器學習如何區分一筆資料是舊金山還是紐約的房屋資料，我們可以用分而治之法，觀察怎樣的切割方式可以使舊金山和紐約的資料儘量分開。

例如，紐約的房屋海拔普遍較低，海拔 73 公尺以上都是舊金山的房子，那麼我們就可以用「海拔 73 公尺」作為第一個切割條件分出一部分舊金山的資料。另外，兩地的房價也有極高的差異，紐約的房價比舊金山的貴得多，因此對於海拔 73 公尺以下的房屋資料，我們可以用「平方公尺價格在 19116 美元以上」作為第二個切割條件。重複這樣的過程，我們就能建立出一棵用來判斷房屋位置的決策樹，未來當遇到一筆新的資料時，只要照著決策樹走，走到盡頭就會知道這間房子究竟是在舊金山還是在紐約了。

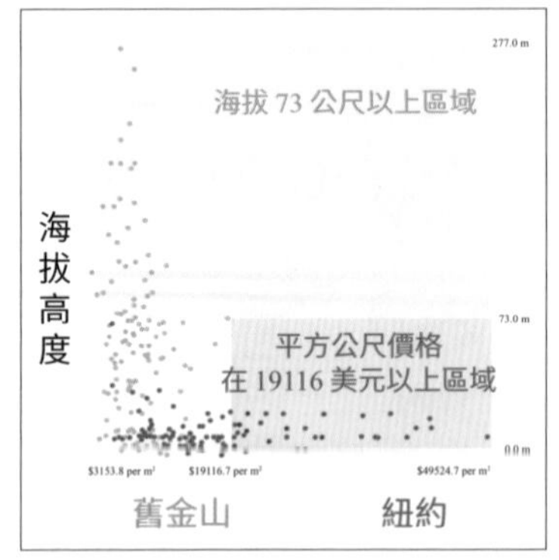

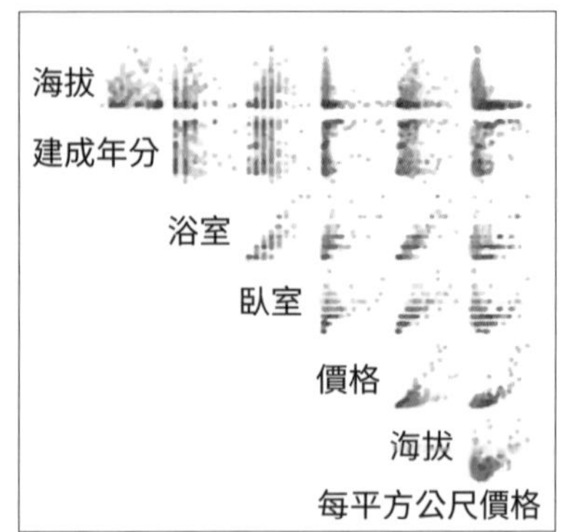

▲圖 2-13 要讓機器學習如何區分一筆資料是舊金山還是紐約的房屋資料，可先以海拔與平方公尺價格區分，再以建成年分、浴室、臥室等條件區分。

決策樹法其實是一個統稱，根據建立分支的方法不同，有許多不同的變體。1986 年正值人工智慧的知識庫與專家系統當紅的年代，決策樹法這樣一個仿專家系統的機器學習模型，使我們能夠只利用資料就建立出一位「專家」（決策樹）。這個方法目前仍是資料探勘、作業研究、商業決策中常用的方法，讓我們不再需要事事詢問專家（人），而是直接透過電腦獲得答案。雖然後來因為專家系統遭遇瓶頸，使得人工智慧進入第二次寒冬，但決策樹法直觀、易於解釋的特性，讓它仍然能在「非」人工智慧的面向上找到其他價值。

眾志成城法

使用眾志成城法教機器學習技能，就如同教一群小學生一樣：每一位小學生，代表一個簡單的分類規則。假設我們有 20 張水果的照片，其中 10 張是蘋果，另外 10 張不是蘋果，我們要讓機器學習找出屬於蘋果的圖片。首先機器可能會先學到「蘋果是圓的」，因為圓形是蘋果的重要特徵，但是橘子也是圓的，於是我們可以把被分對的圖片縮小，被分錯的圖片放大，請機器再根據這些圖片找一條新的規則，例如「蘋果是紅的」。這時圓的和紅的好像還不足以區分所有的蘋果，某些水果像是青蘋果和紅番茄可能還是被分錯了，於是我們透過重複「把正確的圖縮小」、「錯誤的圖放大」、「建立一條新規則」這樣的流程，可以得到「蘋果也可能是綠的」、「蘋果是有梗的」這樣的新規則，這時機器就能透過組合「圓的、紅的、綠的、有梗的」這些簡單的規則，建立出一套更複雜也更準確的判斷規則，將正確的 10 張蘋果圖片挑選出來❶。

若我們用二維的平面來描述眾志成城法，這些簡單的規則就像是垂直和水平的直線，所有規則組合起來就形成一條可以任意彎曲的分割線（圖 2-14）。透過巧妙地引導機器看到自己還做得不夠好的地方、建立新的規則去彌補，最後就能得到一套可靠的分類策略。

---

❶詳情請參考本書頁 133。

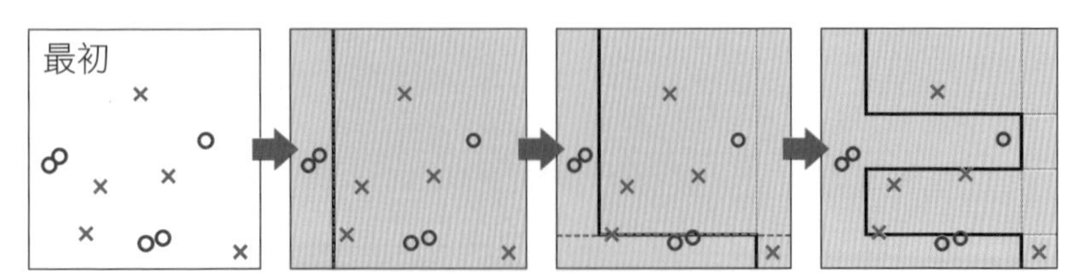

▲圖 2-14　使用眾志成城法之過程與結果。

眾志成城法的原名為**逐步增強法（adaptive boosting algorithm，又稱皮匠法）**，可以用來強化決策樹的學習能力，並在當時取得很好的實務結果。世界上第一個即時人臉辨識的程式（由維奧拉 (Paul Viola) 和瓊斯 (Michael Jones) 於 2001 年提出）就是透過眾志成城法得以實現。眾志成城法與支撐向量機並列為機器學習復興時期的兩大方法，基於眾志成城法的 Viola-Jones 模型，也成為了電腦視覺研究「機器學習化」的重要里程碑。

層層堆疊法

很多技術的發展，始於模仿大自然，但是最終很可能衍生出人類在工程學上自己的想法，飛機模仿鳥類外型卻不振翅飛行，正是一個典型的例子。在電腦的世界中，感知器可以模擬成生物體的「一個神經元」，幫助我們畫出一條直線；而類神經網路的出發點，正是模擬「一堆神經元」互相連結而產生複雜的思考能力。典型的類神經網路可以模擬很多在生物體裡看到的現象，例如「記憶的現象」或「關聯性的現象」等。而現今的繁多類神經網路，雖然已加入了許多工程元素，與實際的生物體現象不全然相同，但是卻可以幫我們來解決很重要的機器學習問題。接下來所要提到的「層層堆疊法」，正是一種使用類神經網路來達成機器學習的方法。

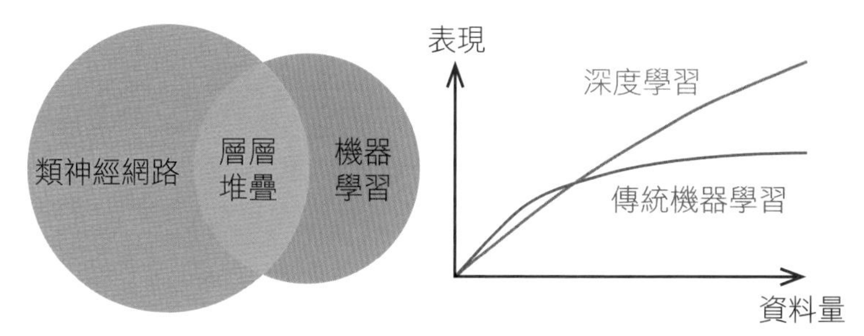

▲圖 2-15　層層堆疊法示意圖。部分的類神經網路可以用來作為機器學習的方法，利用大量資料與計算，解決困難的機器學習問題。

所謂的層層堆疊法，其實就是如今熱門的「深度學習」。當問題的複雜度非常高的時候，深度學習可以利用大量的資料配合大量計算，達成比傳統機器學習方法更好的表現。

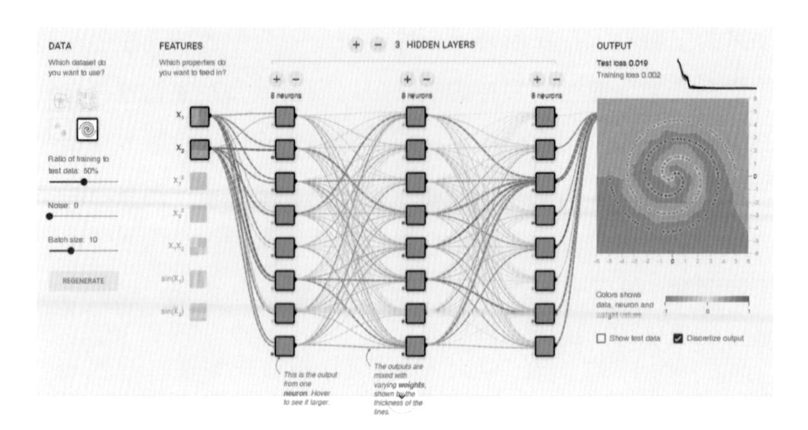

▲圖 2-16　以 Google Tensorflow 展示層層堆疊法。

在類神經網路中，每個神經元代表一個待學習的函數，層層堆疊法的核心概念，就是將這一層每個神經元（函數）的結果，用各種不同的方式組合傳給下一層的神經元，藉此轉化出更複雜的邊界。我們以 Google Tensorflow 的線上動態模擬圖解釋，上圖中每一個方塊都如同一個神經元，每個神經元都有各自的工作，如識別曲線、切線、旋轉等，經過一層一層的神經元匯集於右側組合起來，可以更貼近我們所希望達成的複雜邊界。

類神經網路最早可以追溯到前面提過的感知器模型（知錯能改法），但當時沒有足夠的資料，也沒有足夠強大的運算能力。經歷了兩次人工智慧的寒冬之後，到了 2010 年代，資料量跟電腦的運算能力都有顯著的進展，深度學習便開始嶄露頭角。

表 2-1　機器學習的方法對應其原名及原理。

機器學習的方法	知錯能改法	分而治之法	眾志成城法	層層堆疊法
原　名	感知器學習法	決策樹法	逐步增強法	類神經網路、深度學習
原　理	模擬人類「單一神經元」的運作而設計出的機率式邏輯推論模型，是一種線性分類模型	模仿人類決策過程的機器學習模型，利用資料建立就建立出一位「專家」(決策樹)	引導機器看到在「分類」上不夠好的地方，建立新的規則去彌補，使之得到一套可靠的分類策略，可增強決策樹的學習能力	模擬人類「一堆神經元」互相連結而產生複雜的思考能力的模型，可以利用大量的資料和計算，在複雜的問題上達成比傳統機器學習方法更好的表現

回顧歷史，機器學習這個詞，最早是在 1959 年，從塞繆爾 (Arthur Samuel) 的論文中提出，他將機器學習應用於西洋棋遊戲，為每一步棋計算一個分數。這樣的應用方式也影響後世許多的棋類研究，例如 2016 年最廣為人知的圍棋人工智慧 AlphaGo（由西維爾 (David Silver) 等人研究），便是將當年簡單的機器學習估計法，轉變成較為複雜的類神經網路深度學習法，再加上一些新的訓練技術，最後達成了超越人類專家的結果。有趣的事情是，機器學習一直伴隨著人工智慧發展，而與之伴隨的還有人工智慧在棋類遊戲的應用，因為棋類遊戲始終是一項能夠直接觀察到學習表現與成績的最佳方式。

機器學習「可行性」的三要素

以上我們解釋完四種機器學習的方法，看似簡單實際上卻沒這麼容易，拋開機器學習難易度不談，我們的「人類學習」途徑本身就會遇到很多障礙。這裡有個小測驗（圖 2–17），6 個例子中，有 3 個例子是我們喜歡的，以「正一」表示；3 個例子是我們不喜歡的，以「負一」表示，對於新出現的第 7 個例子，我們究竟喜不喜歡呢？

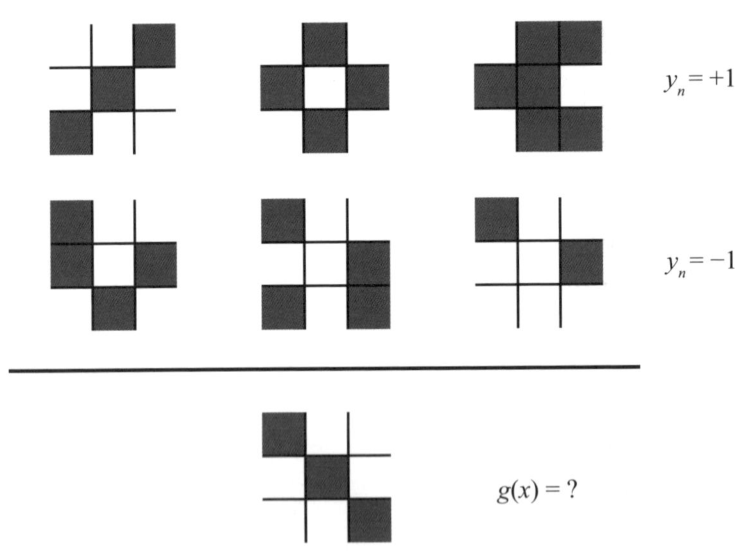

▲圖 2-17　以人類學習角度進行判斷。

如果仔細想的話，不論回答什麼可能都有點道理。我們可以說在喜歡的 3 個例子中的圖片都具有對稱性，第 7 種也具有對稱性，因此我們會是「正一」（喜歡），這是一種可能性；又或是另一種可能，不喜歡的 3 個例子左上角都是有色的，而喜歡的 3 個例子左上角都是白色的，如果根據左上角的顏色判斷喜歡與否，答案就會是「負一」（不喜歡）。這樣的情形就好像在學校裡，溫暖的老師怎樣都可以說你對的，但冷酷的老師怎樣都可以說你錯的。

我們再來舉一個學校生活裡的情境，今天如果考題跟課本習題差不多，然後我把課本習題讀懂了，融會貫通在考試上，那麼考試成績就會好。同理，在考慮機器學習的可行性時，也有三個要素：

1. 用來訓練的資料和實際的測試場景要有足夠的關聯性——不能腦筋急轉彎
2. 訓練表現要夠好——過去已經讀過的習題要弄懂
3. 能夠由訓練資料舉一反三到測試場景——在考題上能夠融會貫通推演到其他情形

機器學習的犯錯日常

然而，在機器的訓練過程中，在已知的資料上訓練到夠好（最佳化）和舉一反三（一般化）往往是相互衝突的。當一個機器學習模型的複雜度愈高的時候，機器在訓練資料上的表現會很好，可是就不容易舉一反三，而且複雜模型容易想太多，會「鑽牛角尖」，容易造成以偏概全、以管窺天的情形，對於我們想要的結果不一定是好事；然而當我們把複雜度降低，機器較容易舉一反三了，但是就沒有辦法在訓練資料表現上做得很好。複雜度的上升與下降都關係到機器學習的成效，而最佳複雜度就是要在中間取得一個微妙平衡，就像佳餚裡面的「完美醬汁」一樣，常常需要「老廚師」才能調出來，這也就是我們一開始「調參數」的時候在做的一部分工作。

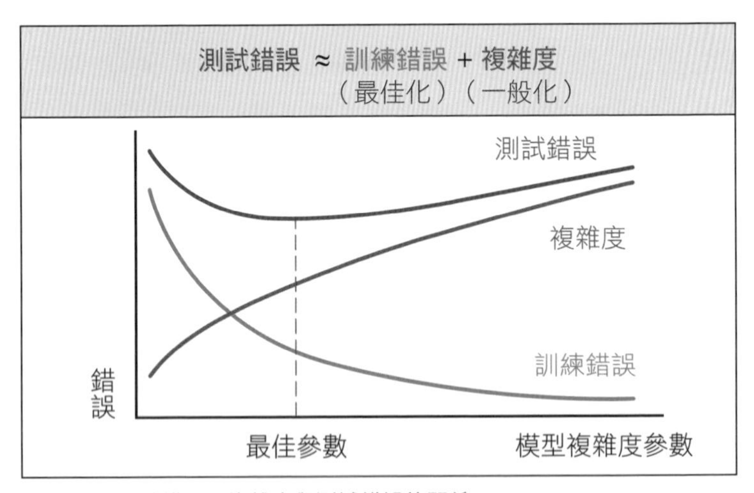

▲圖 2-18　訓練錯誤、複雜度與測試錯誤的關係。

以開車比喻機器學習的鑽牛角尖

如圖 2-19，若以車速來比喻機器學習中的模型複雜度，鑽牛角尖就像我們開車的時候出車禍。而為什麼會出車禍呢？開快車是出車禍的一個很重要原因，也就是使用複雜度太高的模型。而實際上還有一些其他的原因，例如學習的過程中遇到資料雜訊，就好比路況不好時也容易出車禍。我們知道資料中常常都會有雜訊，假若我們的模型太複雜時，機器學習的能力也會同樣被拿來記錄雜訊，而雜訊會影響到機器學習的表現。那麼為什麼會有雜訊呢？也許今天我們搜集資料的時候，源頭的資料可能根本就是錯的，像是過去信用卡核卡的資料裡面，某一個人其實不應該發卡，結果卻發卡了。而資料不全也是鑽牛角尖的原因之一，若在資料不全的狀況下進行學習，就好比在開車時的視線是有限的，容易以偏概全，導致車禍。所以機器學習當中有一個重要的哲學思惟：最簡單又能儘量符合已看到資料的模型，才是最可信的。

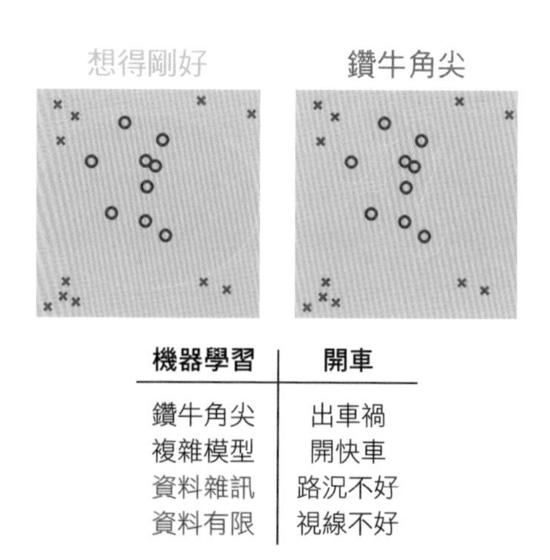

機器學習	開車
鑽牛角尖	出車禍
複雜模型	開快車
資料雜訊	路況不好
資料有限	視線不好

▲圖 2-19　以開車比喻機器學習的鑽牛角尖。

機器學習未來會怎麼用？

總結來說，機器學習就是一項由資料實現人工智慧的熱門工具，透過知錯能改法、分而治之法、眾志成城法、層層堆疊法等各式各樣的方法從資料當中去學習；憑藉測試關聯性所帶來的「舉一反三」保證，而能實務地應用在辨識系統、商業決策、推薦系統等不同的系統當中。

綜合先前提及的應用實例，如股票預測、颱風強度判讀、信用卡核卡、蘋果辨識問題、即時人臉辨識等，機器學習已經廣泛地被使用，但難道只能夠用來分類嗎？並不全然，例如我們可以將機器學習應用在「跨螢幕行銷」，搜集大量的匿名使用者資料，像是使用的裝置、時間、地點，以及所做的事情。然後透過機器學習，我們就能判斷同一使用者使用的所有裝置，把他們在不同裝置上所做的事情連結起來。例如，某消費者早上在手機上看到某項商品，但是晚上回到家以後，才在他的個人電腦上，做出最後的商品決策。不同的時候需要的行銷策略可能也不一樣，跨螢幕行銷即是機器學習的一個典型的應用。

「推薦系統」（圖 2-20）也是機器學習的其中一項應用。2011 年臺大團隊參加 KDDCup 競賽獲得冠軍，這是一場世界性的機器學習與資料探勘比賽，當中就有運用到機器學習。推薦系統是從過去的評分資料，反推出每個人的喜好是什麼，然後把這些特徵組合起來去預測分析未知喜好的資料，進而做出個人化的內容推薦。若以電影推薦來說，決策因子可能包括「演員有誰」、「電影性質」、「個人愛好」等，將這些個人的喜好與電影特徵結合起來變成評分，愈符合我們的喜好分數也就愈高，愈不符合分數就愈低。

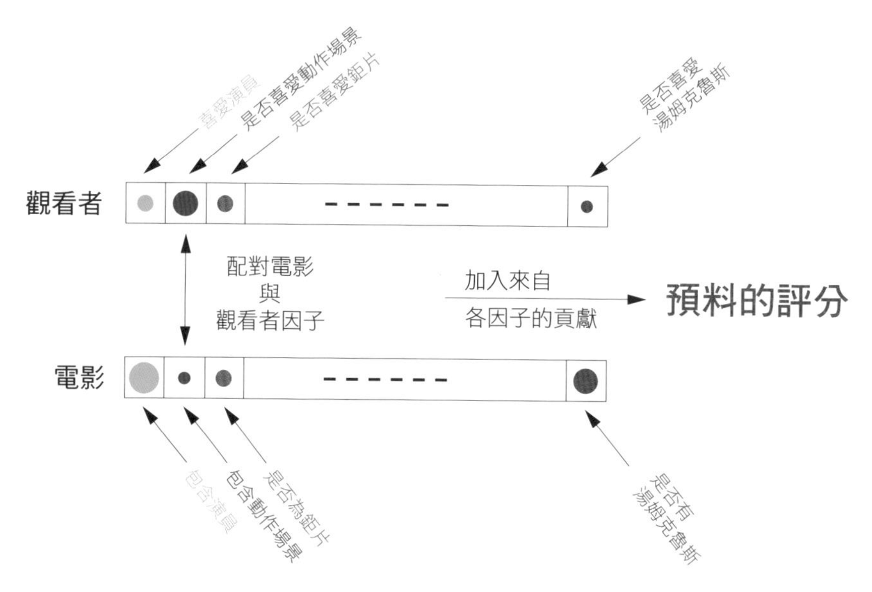

▲圖 2-20　電影推薦系統的構成因子。

又例如「自動化手寫辨識系統」，也是透過機器學習，大幅降低人力花費的便捷方法。其實手寫辨識系統在我們身邊已經很久了，郵遞區號、支票處理自動化、手寫輸入，以及我們現在的智慧型手機手寫輸入等，都是非常重要的應用。而自動化手寫辨識系統，在人工智慧、類神經網路還在黑暗期的時候，是早期深度學習發展的重要動力，也因為這些人的默默耕耘，一步一步地進行研究，機器學習才有機會像今日大量應用於商業銀行、電子商務系統、推薦系統等，而這也是我們所期待機器學習能夠前進的方向。

CHAPTER 3

鑑往知來——由茫茫過往數據中，淘出新知

講師／國立臺灣大學電機工程學系特聘教授　陳銘憲
編輯彙整／葉珊瑀

陳銘憲教授 1982 年畢業於臺灣大學電機工程學系，在 1988 年取得密西根大學 (University of Michigan) 電機工程與電腦科學系 (EECS) 的博士學位，研究領域包含了資料庫、資料探勘、人工智慧、多媒體網路，目前有開設資料探勘、資料科學相關課程。畢業後在 IBM T. J. Watson 研究中心工作，擔任過臺大電信所所長、資策會執行長、中研院資訊科技創新研究中心主任、臺大電機資訊學院院長，2019 年起擔任臺大副校長，負責學術研究及教務相關工作，得過教育部國家講座、學術獎、徐有庠講座、東元獎、潘文淵研究傑出獎、資訊榮譽獎章、科技部傑出研究獎等學術獎項。

前言：迎接新的科技典範轉移

人工智慧的重要性與日俱增

當代科技典範轉移❶(paradigm shift) 的影響力已經超過工業革命，從 1991 年全球資訊網（world wide web，簡稱 Web 或 WWW）建立以後，陸續產生影響。陳教授用「大江東流擋不住」來形容這波趨勢，重點在於如何因應，因為科技發展正是朝著這個方向邁進的。

第一是點的發展：「硬體的速度愈來愈快，價錢愈來愈便宜。」硬體速度即 CPU 速度，平均經過 12 到 18 個月，速度就

---

❶典範轉移就是科學革命，係指在信念、價值或方法上轉變的過程。

會加速為兩倍，趨勢維持至今。有人預測這個趨勢會走到極限，但目前又有**圖形處理器通用計算（general purpose GPU，簡稱 GPGPU）**架構，它能提供的整體計算能力仍持續提升。

硬體速度愈來愈快、網路頻寬愈來愈充足、資訊交換愈來愈便利、存取空間愈來愈多，意味著資料會迅速累積在各個節點。另外，硬體速度愈來愈快，但人類能接收訊息的能力大致不變：眼睛敏銳度不變、耳朵可接受的聲音延遲程度不變。我們觀賞電視時，每秒 30 個影像變換，在知覺上就會感受到連續性，若改成每秒 60、80 個影像變換，人類可能也難以分辨差異。與人通話時，千分之一秒的延遲對人來說無法偵測。

由於人類可以容忍的資訊延遲時間大約不變，在這個人類可接受資訊延遲時間中，因硬體速度變快，可執行的軟體程式變多，積極的人類會將多出的計算能力朝「個人化、智慧化」的方向發展。而智慧化背後的技術，就是資料分析、機器學習。

軟體的部分，過去在一定的時間中可能只能執行 500 行，現在能執行到 5 萬行。因此軟體將朝著模組化發展進入分工，軟體也會因此愈來愈龐大。

第二是面的發展：網路發展從 3G、4G 到 5G，頻寬以數量級（orders of magnitude，即「尾數加零」）的速率不斷成長，另外儲存器的容量也不斷增大。陳教授分享，在他剛回國時，數百 megabyte (MB) 硬碟的電腦已經是整個系館走廊內數一數二好的了。如今學生電腦動輒 terabyte (TB) 以上，價格卻逐漸下降。

在 Web 於 1991 年建立以後，開始有**搜尋引擎 (search engine)**。經過競爭，Google 奠定了其搜尋引擎的領先定位。之後**雲端運算 (cloud computing)** 在 Google 及其他業者的推動下成為顯學。同時，因應雲端運算，亞馬遜 (Amazon) 的亞馬遜網路服務（Amazon web services，簡稱 AWS）在 2006 年誕生，2007 年開始有 iPhone，iPhone 誕生使得智慧型手機應用迅速發展。

雲端運算出現，帶動**軟體即服務（software as a service，簡稱 SaaS）**，例如人們常用的 Gmail、Facebook，在家操作 Gmail 用的可能是筆電，而在捷運上檢查對方是否回信用的是手機，進入實驗室又換成另一臺桌機。使用的電腦不同，但由於資料存在雲端，因此可以讀取。雲端運算的重點，是資料、運算能力、程式都在雲端。

2007 年至今短短數年，應用程式的下載次數是以數量級的速度成長，當今應用程式已經是交換訊息最重要的媒介。Facebook、YouTube、Twitter 的誕生帶動社群網路 (social network) 發展，結合雲端計算，進入了大數據的時代。

多數人認為，大數據的主要來源包括物聯網應用（這又源自於雲端計算）、社群網路、影像監控 (video surveillance)。大數據產生後，機器學習的演算法更有用武之地。這些學習的演算法，若是學習資料量不夠，產生的知識會有偏差不準確。資料量多，加上運算能力高，造就了當今機器學習的迅速起飛。硬體計算能力增強、軟體模組化、網路頻寬愈來愈快、儲存器愈來愈便宜、容量愈來愈大，這些趨勢預計都會持續下去。造成結果是：迅速累積大量資料、機器學習發揮空間變多。正如同網路與雲端，都是不可逆的發展，將會不斷演進。

人工智慧的演進，將帶動科技發展的典範轉移，而不會只是曇花一現。陳教授認為 AI 發展是擋不住的時代潮流。

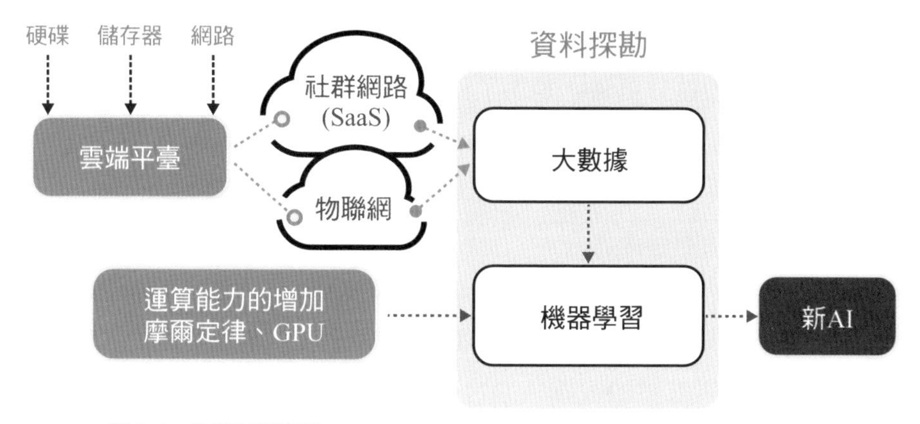

▲圖 3-1　AI 發展與崛起。

AI 發展可歸納成圖 3-1：硬體速度愈來愈快又便宜、儲存器容量愈來愈大、網路頻寬愈來愈便宜，傳統語音已經不是電信公司用以獲利的主要工具， 電信公司未來希望以資料服務 (data service) 來獲利，如廣告、拍賣等。雲端平臺促進社群網路 (SaaS)、物聯網 (internet of things) 的成長，這些也有助於大數據時代的到來。

另一方面，運算能力持續增加，GPGPU 和人工智慧研發晶片工程 (AI on chip) 等相關技術，在可預見的未來中，會提供充沛的運算能力，使得機器學習的演算法蓬勃發展，引領新 AI 的發展。而 FPGA❷和嵌入式系統的優化，也使得嵌入式人工智慧 (embedded AI) 的應用設計更為便捷可行。

新 AI 的崛起

陳教授區分新 AI，是為了和 1980 年代的 AI 做出區別。當時的 AI 包含邏輯論證、專家系統等，這些當然還是 AI 的重要議題。然而，現在的新 AI 大多是指利用大量資料的深度學習，以此找出新的知識。

先前「新 AI 的崛起」(New AI Awakening) 報導，介紹從全球瘋雲到巨資時代，再到人機合擊。陳教授說明現階段的 AI 可受惠於與人類的智識共同合作，又稱為 AI + HI （human intelligence，人類智慧)。強調 AI 是來協助人類智慧、拓展人類物理極限的，可以判斷出人類知覺難以辨識的差異，例如以人眼之力要計算一張大合照中有多少人非常困難，但機器可以馬上辨識出上百人的臉孔。

---

❷一種可程式化電路裝置，與 CPLD 燒錄後即永久存在的特性不同，關機後 FPGA 就會像 RAM 一樣消除資料。

AI 及其革命

AI 革命要從 AI 的含意談起，根據麥卡錫 (John McCarthy)，AI 係指製造智慧機器的科學與工程，特別是智慧計算程式。整體來說，AI 包含了邏輯 (logic)、推理 (reasoning)、理論證明 (theorem proving)、語意網 (semantic net)、自然語言處理（natural language processing，簡稱 NLP）、辨認圖案 (pattern recognition)、分類 (classification)、知覺 (perception)、機器人 (robotics)。但這一波發展在 1980 年代經歷了一陣寒冬，原因之一是因為當時的資料量不夠多，而運算能力亦較不普及。

AI 大致可分成弱 AI、強 AI，前者是指 AI 有記憶力、推理等等感知相關；後者是指 AI 和人一樣有情感 (emotion)，有善良、嫉妒、沮喪等。一般認為，強 AI 難以達成，因為太過複雜。人能觸類旁通、觸景傷情，非常複雜，機器難以習得。

整體而言，新 AI 是在 2010 年之後，因 CNN 技術帶來的類神經網路效率的提升，而使得電腦視覺與語言處理的應用爆紅。這些視覺、電腦遊戲、語言處理等需要處理大量資料者，可以透過機器學習達到很好效果。

深度學習帶來的突破性發展

深度學習造成了許多領域的突破性發展：電腦視覺、遊戲（如 AlphaGo，不只擊敗人類棋王，改版後的 AlphaGo Zero 能力更強）、自然語言處理、語音。這些領域的共同特點在於：基於大量資料的學習研究，需要大數據分析與充足的計算能力。若是缺乏大量數據，電腦也無法習得這些技能，或是學來的模型不夠準確。

推動 AI 發展的因素

推動 AI 發展的因素有三：大數據、計算、機器學習演算法進步。針對大數據，現在的 AI 已經是從「以知識為主」(knowledge-based) 轉移到「以資料為核心」(data-centric)，從過往資料學出知識，知識創造新的價值；此外，CPU 的速度日益增快，價格日漸調降，每 12 到 18 個月就有翻倍的成長，世稱**摩爾定律 (Moore's law)**。另外，早期的 GPU 是用以協助顯示卡速度，後來計算能力夠強，功能延伸到深度學習模型的平行化與改進，其中最主要的即**深度神經網路**❸**(deep neural network)**，另外還有**增強式學習 (reinforcement learning)**、**生成對抗網路（generative adversarial network，簡稱 GAN）**等技術。

大數據時代來臨

人們多用 3V 來定義大數據：量大 (high volume)、速度快 (high velocity)、種類多 (high variety)。傳統的資料處理技術已不堪用，需要新的科技。將大數據的重點歸結成一句話，即「迅

---

❸就是常稱的深度學習。

速累積的大量異質資料」。後來又有人加了 2V：可信度 (veracity)、資訊價值 (value)，大數據使用的資料量多，資訊未必全然正確，因此真實性常常需要查證，以及大數據產生的資訊價值高低是分析的重點。整體而言，一般人所想的大數據應用是決策判斷、洞察現象、最佳化處理。

網路活動加劇資料累積

資料的累積還會因著社群網路持續成長，被譽為「Queen of Internet」的米克爾 (Marry Meeker) 每年都會發表對於網路發展趨勢的獨到看法，深受重視。2007 年使用網路的人口還是總人口的 $\frac{1}{4}$，到 2017 年增長到 36 億人（約為總人口之 $\frac{1}{2}$）。人類當中以電腦為職業者比例不高，但使用者占了近一半，意味著電腦的影響延伸非常廣泛。不只是使用者多，人們的使用時間也長，根據統計，每人每天平均花了約 6 小時在數位媒體上，其中有 3.3 小時來自行動裝置使用，現在手機的應用程式愈來愈多、愈來愈新穎，愈來愈多人長時間掛網，陳教授打趣地說，這個現象使得眼科生意愈來愈興隆了。

另外，**電子商務（electronic commerce，簡稱 EC）**也日益普及，其中最主要的業者就是 Amazon。過去的廣告以實體媒體為主，現在有愈來愈多公司加入線上廣告的行列。

目前有很多新興公司是由大數據分析支撐的，不少來自年輕人的創意思維，例如 Google、Microsoft、Apple、Facebook、Netflix、Spotify、Amazon、Pinterest、Uber、Airbnb 等等。

資料探勘介紹

人工智慧包含了邏輯推論、理論論證、專家系統；**資料探勘 (data mining)** 包含了資料分析、統計預測、機器學習。機器學習在此兩大領域都有探討。

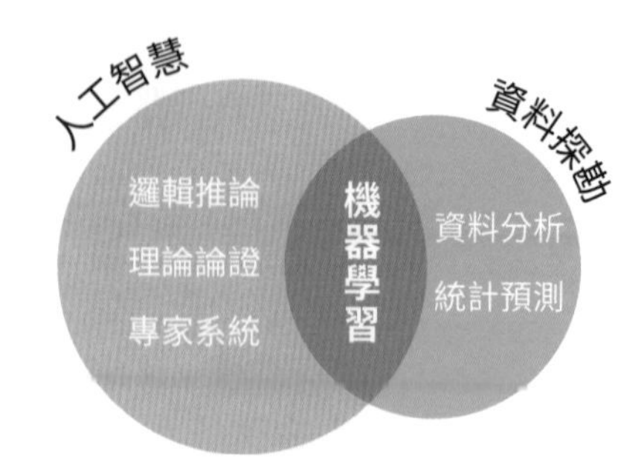

▲圖 3-2　機器學習整合了人工智慧與資料探勘。

資料探勘之介紹可分為「資料探勘流程」以及「常見探勘方法」兩部分，探勘方法多而繁雜，個別的方法甚至都能獨立出來在大學開授課程，在此僅會概括性地介紹。資料探勘的終極目標，就是從大量的資料中擷取出有價值的資訊，大致分為這些步驟：

1 取得資料 (Obtain data)

最重要的是取得足夠、具代表性的資料。有時要避免有侵犯隱私權的疑慮。

2 決定目標 (Decide the goal of mining)

陳教授以自身經驗為例，過往從事資料探勘時，委託人可能會給他一個目標，說自己期望從資料中得到什麼，身為研究者，就需要親自去審視所擁有的資料是否可以挖掘出該目標。

3 資料清洗 (Data cleaning)

收到資料時，可能會有資料不全、填錯、不一致的情況，研究者必須將資料一致化、補足缺失值，其中填補缺失值也是一大學問，可以用周遭資料估算，或是不計入。在還沒有資料清洗前，最初的原始資料充滿了雜質。

4 決定資料單位 (Choose data granularity)

這聽起來很枝微末節，但究竟什麼是資料?何謂資料單位?柳丁汁與葡萄汁算是同一個資料單位嗎？若是從果汁的角度來看，的確是同一種單位，但用不同的分類標準，就是相異的單位。「學生」就要作為一種資料，又或者需要再細分為大學生、中學生、小學生呢？一開始拿到的原始資料大多是最詳盡、最底層的資料，但是如果用原始資料從事探勘，可能不易找出什麼資訊。因此需要掌握相關屬性與變因，決定資料單位，否則資料無法匯入程式分析，這個決策需要專業判斷。

5 選擇相關屬性 (Feature selection)

以人來說，可以分出的屬性也許有上百種，身高、體重、頭髮、血型、星座、姓氏、眼睛直徑……等，但是研究者只需要把重點放在與探勘相關的屬性上，否則無關的資訊混入，將會非常分散、籠統。

6 執行探勘 (Apply data mining methods)

根據目的，選擇合適的資料探勘演算法，針對清洗後的資料加以分析。

7 **決定輸出方與格式** (Decide what to output and in what form)

選擇合適的格式，呈現資料分析的結果。

8 **解讀分析結果** (Interpret your results; convince your receiver/boss)

透過領域專家解讀資料分析結果及其意義。

許多人常常忽略資料清洗，以為執行探勘才是重點，但其實執行探勘所占時間僅有四成，資料的前置處理耗時往往很長。

資料探勘的方法

資料探勘方法很多，在此列出大項，依據屬性可以分類如下：

1 **相關性** (association)

如 apriori、FP-Tree

以應用在經營店面為例，經營者想知道哪些商品常常被一起購買。如圖 3–3 案例中，每一筆資料當中有許多交易 (transactions)，這裡以 5 筆資料為例，實際案例中可能會有 10 萬筆。此處的重點是產生一個規則來預測消費者的購買行為，當某些物體出現時，就意味著另一種物體也會出現，如果購買牛奶者，大多也同時買了麵包，就會產生｛牛奶｝→｛麵包｝的規則。在本圖例子中，4 個買牛奶的消費者中有 3 個都買麵包，信心值為 $\frac{3}{4}$。

訓練編號	購買物品
1	麵包、可樂、牛奶
2	啤酒、可樂
3	啤酒、可樂、尿布、牛奶
4	啤酒、麵包、尿布、牛奶
5	麵包、尿布、牛奶

發現規則
{牛奶} → {可樂}
{尿布} → {啤酒}

▲圖 3-3　利用交易資料預測消費者可能的購買行為。

2 分類性 (classification)

如 decision tree、SVM、KNN、bayes、neural network

透過這個方法，可以知道有哪些屬性的人從事哪種事情。以賣車為例，哪些人會買 BMW、BENZ，原本需要基於累積 10 年的銷售經驗，但如果掌握了資料，即可以用電腦分析得出。

訓練資料

訓練編號	有無要求退稅	婚姻狀況	應稅所得	不實報稅
1	有	單身	125K	是
2	無	已婚	100K	否
3	無	單身	70K	否
4	有	已婚	120K	是
5	無	離婚	95K	否
6	無	已婚	60K	否
7	有	離婚	220K	是
8	無	單身	85K	否
9	無	已婚	75K	否
10	無	單身	90K	否

測試資料

有無要求退稅	婚姻狀況	應稅所得	不實報稅
無	單身	75K	?
有	已婚	50K	?
無	已婚	150K	?
有	離婚	90K	?
無	單身	40K	?
無	已婚	80K	?

▲圖 3-4　利用報稅資料分類，可以在進入新資料時判斷是否符合條件。

圖中案例是報稅資料的分類，要訓練電腦的原始資料如圖 3–4 左，此處簡化為 10 筆作為解說，從有無要求退稅、婚姻狀態、應稅所得，以及最後有無不實報稅。訓練資料 (training data) 指的是從這一群已知答案中分析，分類性指的是從這些屬性來判斷目標是否會不實報稅，若有足夠的分析資料，學出模型後，就可以應用在不知答案的資料上。若今天有個新的報稅者，資料為「沒有退稅／單身／應稅所得 7.5 萬」，此時就可以從現有的模型判斷其是否會不實報稅，如果結果為否，就不必額外追查；若結果為是，就要仔細看看。

分類性又分為許多種方法，其中之一是**決策樹 (decision tree)**。在現有的訓練資料中經由統計方式來判別這三個屬性（有無退稅／婚姻狀態／應稅所得）哪個與最後的結果（是否不實報稅）最相關，將之拿來做第一個判斷指標。在圖 3–5 案例是先依據「有無要求退稅」，有退稅者就不會不實報稅；而沒有要求退稅者，部分會不實報稅。接下來拿「婚姻狀態」作為第二個分類依據，在不會退稅的人當中，已婚者不會不實報稅，單身者不一定，所以再使用第三個屬性「應稅所得」來判斷。透過這個分法，可以建立一決策樹模型，在新資料進入時可以依序從這三個屬性觀察類別。決策樹模型的建立方法很多，基本上的邏輯就是看哪個屬性最有判別率就放在判斷首位，這樣能最快達到結果。

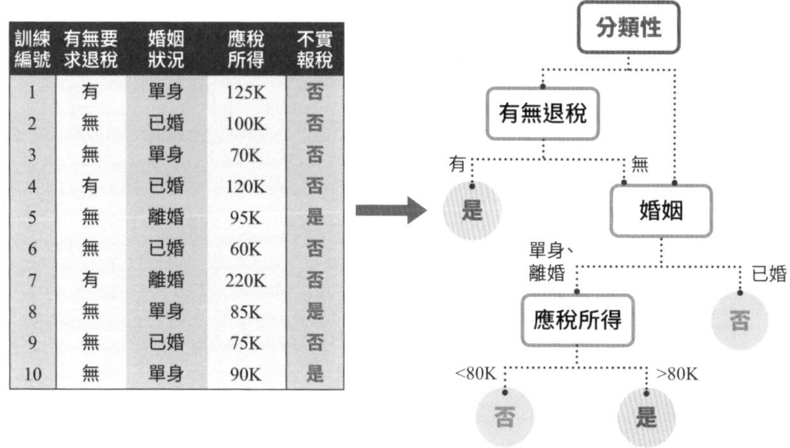

訓練編號	有無要求退稅	婚姻狀況	應稅所得	不實報稅
1	有	單身	125K	否
2	無	已婚	100K	否
3	無	單身	70K	否
4	有	已婚	120K	否
5	無	離婚	95K	是
6	無	已婚	60K	否
7	有	離婚	220K	否
8	無	單身	85K	是
9	無	已婚	75K	否
10	無	單身	90K	是

▲圖 3-5　決策樹應用於報稅資料的範例。

另一個當紅的分類法是神經網路，延續前例，此處將「有無退稅」、「婚姻狀態」及「應稅所得」分別作為「0/1 位元」（圖 3–6），整理過後一份資料會是由各種位元表示的向量 (vector)。後進的資料也全部轉化為 0/1 位元呈現，而新資料進入的結果未必符合原本模型的預測，模型就會依此慢慢修正連結 (link)、閾值❹(threshold)，使得模型接近答案。當資料量夠多，就能修正出答對率高的模型。

❹令對象發生某種變化所需的某種條件的值。

有無要求退稅	婚姻狀況		應稅所得			不實報稅
X_1	X_2	X_3	X_4	...	X_7	Y
1	0	0	1	...	1	0
0	0	1	1	...	0	1
0	0	0	0	...	0	0
1	0	1	1	...	0	0
0	1	0	0	...	1	1
0	0	1	0	...	0	0
1	1	0	1	...	0	0
0	0	0	0	...	1	1
0	0	1	0	...	1	0
0	0	0	0	...	0	1

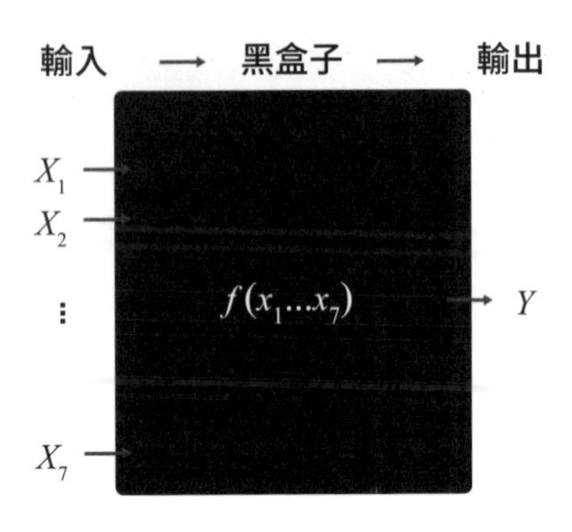

▲圖 3-6　神經網路應用於報稅資料的範例。

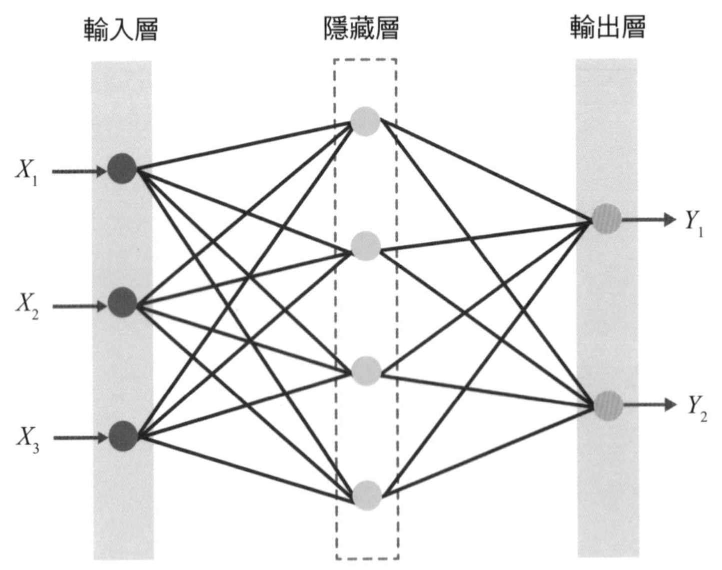

▲圖 3-7　神經網路的結構。

神經網路結構大致如圖 3–7，初始處有**輸入層 (input layer)**；中間有一到數層的**隱藏層 (hidden layer)**。不同的節點上會有相異的權重，相加之後若是超過閾值就會以 1 表達，否則以 0 表示。如果模型答錯，就會回頭修正連結數值來逼近正確值，這種方式又稱為**反向修正 (backward propagation)**。

後來深度神經網路誕生，把原本位於中間的 Hidden Layer 加到很多層，現在已經有人加至超過百層。層數增加，意味著計算變複雜，節點、連結數量都變多，須耗費更多的計算時間才可以把函數修改好。因此陳教授強調，要有好的深度，計算能力及足夠的資料是關鍵，所謂的「deep」指的就是中間的層數多。

3 叢集性 (clustering)

如 K-Means、PAM、DBSCAN

「物」以類聚，在空間上的點比較好計算；但如果是人的分群，還要定義如何判斷人是否「接近」：身高？修課紀錄？居住地？而且使用的資料若不是數字的點，還要定義物件彼此之距離函數 (distance function)。

4 順序性 (sequential pattern)

可以用以預測完成前一件事件以後，會從事的下一件事情為何。

許多資料探勘是多種方式的整合。只要累積大量線上資料，就可以判別出消費者早上在哪裡消費、後來在哪裡看電影、之後又搭公車前往何處。可以把單一個人的一日消費行為累積起來做分析。

在實務上大多會綜合各種方法分析，在此以**異常偵測 (anomaly detection)** 為例，某些信用卡使用者平時可能都在臺灣活動，初次旅遊丹麥，刷卡時就可能刷不過。刷不過的情形，正是因為偵測到信用卡使用活動異常。這也可以應用在網路侵入偵測 (network intrusion)，某些網路侵入者的行為模式有固定的樣態，像是改變某些網頁設定，或者檢視某些資料，只要能判別出這些模式，就能即時對此行為做出反應。

傳統上推薦產品時，會使用**協同過濾**[5] **(collaborative filtering)**，若飲料和麥片常常一起出售，有消費者購買麥片時，就應推薦飲料，此時用到的方法就是相關性。現在的商家會使用綜合方法，結合使用**群體過濾 (social filtering)**，利用朋友彼此間的影響力。例如 A、B 是朋友關係，A 買了飲料、麥片，B 買了可頌、披薩；當 B 在網路上買了蛋糕，系統認為 A 可能受影響，成為潛在的蛋糕消費者，就會給其相關廣告。這和 A、B 原本購買的商品不相關，而是利用朋友關係，加上叢集性、分類性來進行促銷。

---

[5] 利用某興趣相投、擁有共同經驗之群體的喜好來推薦使用者感興趣的資訊。

AI 應用的注意事項

許多人對機器學習有不正確的認知，以為可以憑空瞎猜。其實資料分析是基於資料做出預測，資料沒有透露的東西，是不易分析的。就像我們不易從明朝的詩集判斷當代小學生的飲食習慣，因為彼此的關聯性太低。重點不止在於資料量多寡，更需要人物、時代、主題的相關性。資料必須和目標緊密扣合，因此選擇資料以及資料的品質（完整性、正確性）非常重要，包含原始資料的屬性 (attribute)。若要判斷誰的跑步速度快，相關屬性可能有身高、體重、性別，而和姓氏筆畫、出生月分、血型可能較少關聯。

深度學習只能協助人們從大數據中萃取出知識，但不能無中生有。許多操作深度學習的人使用的軟體套件，只要餵給它足夠的資料就能產出結果，但詮釋上卻會遇到問題。程式接收到 input 就會產出 output，但這個 output 如果不是經由適當的資料產出，未必是個合宜的結果。一般的深度神經網路最為人質疑之處在於不太能夠解釋類神經網路的「道理」及「可解釋性」，這是目前學術界仍在研究之議題。

許多人會使用**轉換學習 (transfer learning)**，若原本的資料 A 內容不夠，就分析資料 B，以資料 B 得出的結果來預測資料 A，但這受限於兩邊資料必須相關才會準確。例如想要預測剛成立不久的釣魚社社長選舉結果，發現登山社成員組成之系所、課外活動上與釣魚社接近，就用過往登山社社長選舉結果來預測釣魚社社長的選舉結果，此舉就可能有一定的參考價值。

資料的品質也很重要，例如當中是否有不一致、缺失值。另外，若資料量不夠即可能過度遷就資料 (overfitting)，過度遷就訓練資料，例如原始資料只有 20 筆，而且都是電機系學生、當中多為男性，這樣的資料就缺少代表性，產出的模型在預測一般學生行為時就會不準確。

資料探勘應用

資料探勘應用是個變化急遽的領域，大致可以分為兩部分：

現有產業的加值與提升（以 +AI 表示）

產業本身存在，如何透過資料分析、機器學習，讓它做得更好，內容如下表：

表 3–1　目前 +AI 各行業常見的應用。

行業別	應用內容舉例
金融保險業	信用評等、客製化金融服務、授信、客戶資產管理、壞帳分析、道德危機分析、逆向選擇風險分析、潛在客戶名單分析

零售商 (含電子商務)	即時輔助購買決策之依據，並提供貨品、價位、物流整合及配置之輔助決策系統
製造業	生產過程中作為最佳化生產因素決定之專家輔助決策系統，並且提供最佳化之存貨控管與供應鏈暨顧客利潤率分析
觀光及連鎖業	展店店址以及分店貨品品項選擇，並且作為物流倉庫位置決策輔助工具以及物流產能輔助配置之依據
醫療業	醫療作業成本管理之動因分析，作為醫療分析或病患個人化服務之來源
電信業	提供最佳化之網路交通配置暨客製化服務，並提供即時之線上客製化輔助資訊系統、客製化入口網站及輔助促銷功能
生技業	提供生技研發平臺以及分析所需工具，加速累積研發能量
教育業	潛在學生之來源名單分析，並且運用資訊勘測作為入學申請暨獎學金申請評等之分析，以及學生課程規劃與職涯規劃依據
廣告業	廣告點閱來源分析、回應率分析、使用者地點與行為模式分析、行銷策略提供
非營利組織	利用社群網路分析產生勸募捐款信函與通信之聯繫名單

產生新興產業（以 AI+ 表示）

原本沒有這項技術，或是缺少這種客觀環境，而現在因為 AI 科技成熟而有發展潛力。以下為一些例子：

1 Real-Time Bidding（針對線上廣告）

人們打開裝置的 Google 搜尋， 搜尋結果跑出時還會有廣告。其實這些廣告往往是線上決定的，可能是賣餅乾、文具、洗髮精的商家一起競爭，經過對於用戶的個人資料分析，瞭解平時習慣，再由即時之業界競標，使得標者的廣告出現。過去實體廣告很貴，如今線上廣告效果強，且價格較低，吸引許多人投入。

2 個人助理（聊天機器人、顧客服務）

語音的長足進步， 使得個人助理數量增加， 聊天機器人 (chatbot) 取代過往的顧客服務，會愈來愈普及。

3 智慧助理（亞馬遜家庭小精靈 Echo）

由智慧型語音助理 Alexa 提供服務，控制智慧型家電。

4 無人機、自動車

電腦視覺帶動無人機 (drone) 的發展，現在無人機已經有許多種類，不只是大型戶外無人機從事各項應用，還有小型室內無人機。

透過 AI 帶動產業升級

新 AI 的崛起不會只是短暫的旋風，它會穩定增長，且目前已經成為生活的一部分。AI 的重要性會持續存在，正如同水電之於人們日常生活。AI 未來會變成每個人本職學能的一部分，就像微積分之於工程師一樣，成為必備要件。現階段還有許多科幻小說擘劃著 AI 全面取代人類的危機，但這是以娛樂性質居多。在未來人們對 AI 的理解普及以後，大家對 AI 帶來的挑戰與機會應就更瞭解。

硬體、儲存器的成長大家有目共睹，目前網路頻寬更是各國政府建設的首要目的，作為資訊化象徵之一，雲端平臺、社會網路必定持續成長。這些客觀條件的持續邁進，必定會讓以資料為中心的新 AI 繼續發展。

我們正站在時代的轉捩點上，這些改變都還是十餘年的事，影響會逐漸呈現且非常深遠，例如網路的普及衝擊出版業，過往的老書店轉為咖啡屋等休閒場所；Voice over IP（基於 IP 的語音傳輸）的技術成熟，衝擊原有電信業。AI 衝擊既有產業，但也會有新興產業誕生。臺灣產業過往累積資本的方式是增加效率、壓低成本；未來希望以靈活、創新作為進步的原動力。人工智慧會是臺灣的機會，臺灣的工程師資質優良、有靈活思考，且臺灣在部分 AI 領域居於領先位置。再者，臺灣人對新科技接受度高，且硬體基礎好，有較好的軟硬體整合機會。

⌛ 演講之外：問答大彙整

數據很多來自人類活動，這可能帶有不客觀性，例如對於有色人種的偏見。這類問題要怎麼解決？從倫理、技術上如何著手？

面對此類問題要先辨認出哪些是敏感問題（偏見），這些通常是正面表列的。辨識以後，再用語言處理，針對敏感議題作判讀，這是目前最直接、有效的辦法。用現在的自然語言處理，多可看出內容是不是有偏見的。

有些敏感議題在過往沒有被討論過，這就像是新的病毒品種出來，是難以抓到的，目前對付新偏見的方式通常須作新的處理。

現在的 AI 技術，是否會強化同溫層 (echo chamber) 狀況？這些結果是否被不當利用？例如操縱選舉結果、人類判斷等等。

不只是種族、性別議題，政治、宗教等等偏見現在都可以用自然語言處理，之後再研判是否有偏見。很多置入式行銷機制在日常生活都有，這是已經存在的問題。若人們覺得不好，就會開始設置機制去防範。

臺灣發展 AI 的劣勢在哪裡？臺灣鑑識單位對發展 AI 有興趣，但現在臺灣法院連資訊化都沒有，所有的卷宗都還是紙本的，對資訊化接受度很低。

整體來說，臺灣在全世界資訊化的排名是很前面的，這有評比作依據。雖然某些機關的資訊化不足，但政府過去有一些計畫，是希望各個部門資訊化，把不會侵害隱私權的資料提供出來作為 open data，讓民眾做出一些促進福祉的事情。

至於臺灣發展 AI 的劣勢，陳教授認為某些服務業的市場比較小。過去比較成功的產業大多是跟輸出有關，因為海外市場大。假如是必須依靠外銷才能把銷量拉起的產業，臺灣就必須突破內需較小、場域經驗短缺的劣勢，才能開創新局。

假新聞、假網路聲量的議題在各國都受到重視，長期而言，要如何看待這個問題？將來會不會得到一定控制？正如過去信用卡剛推出時，詐欺事件層出不窮。現在雖然還是存在，但影響漸小。這類議題未來有望像信用卡詐欺事件一樣得到控制嗎？

這裡要先回答：「假新聞能不能被辨識？」

目前已經有人在做研究，從文章辨認某些寫手：有些人不是一般讀者，而是別有居心地發表言論，未必真論，而是基於某種目的散播。有些研究成果辨認出寫手的成功率頗高，因為

某些寫手會有特徵。這必須先有 training data，從很多新聞中主觀判斷哪些是出自寫手的假新聞，蒐集成千上百篇以後，透過特徵建立模型，用以預測新文章。

至於能不能獲得控制？一定要有法律懲罰，這樣才有遏止效果。如果這個問題已經影響甚鉅，就會開始被控管。從技術上來看，找出寫手和辨認假新聞是可以部分做到的。如今這個問題被大家漸漸正視，有望獲得處理。

完全沒背景的人能不能做資料探勘？怎麼做？

陳教授表示，如果回答不行，這個人應該會很失望。若想實際上拿資料做分析工作，都是需要寫程式的基礎，至少須瞭解程式的原理。現在有軟體套件是易用的，不過還是要有程式的基礎概念，否則就只能做較為簡單的模型分析。陳教授認為，只要有心，從現在開始去學都還來得及，學生大多是大二、大三花 2 年學成。

教育部最近允許資安、人工智慧設立專班，意味著政府希望學校多栽培這方面人才。另外也有民間單位開設人工智慧學校，報名者也很多。此外，也有許多網路課程。

現在有些程式概念是很多領域的本職學能，不是只有資訊領域才需要，許多工作都需要。資訊系教的不只是寫程式，還有資訊相關理論，但寫程式就像線性代數、微積分一樣，未來在各種職場上都是有用的。

神經網路的隱藏層怎麼決定中間變量?層數愈多愈好嗎?如何決定？量子電腦對 AI 的影響及幫助為何？

以「量子電腦可以快速運算」這點來說，理論上可以做更多短時間的資料研判。原本要花 3 天建立的模型，未來也許能縮短到 2 秒。這意味著某些應用可以是實時 (real-time) 的。應用能不能形成會和反應時間有關，就像用指紋進入一個建築物，演算法大同小異，但以前需要花費 25 分鐘來判斷指紋，實際上難以應用；但現在判斷時間縮短成 0.5 秒，就成為可行的應用。

「用幾層訓練比較好？」是深度學習最常被討論質疑之處。因為它不易解釋，測試受眾不同，準確率也就不同。主要就是連結上的權重，以及權重加總是否超過閾值，遇到錯誤答案修正閾值，逐漸達成一個好的模型。迄今還很難解釋權重的差異，不過很籠統地說，層數愈多代表著參數多，可以修飾的空間就愈大。

總　結

綜觀人工智慧發展

1991 年的全球資訊網建立，而後搜尋引擎發展，Google 成為龍頭。2006 年亞馬遜推出雲端服務，2017 年 iPhone 誕生，人們得以在不同時空存取其他裝置的資料。社群網路的發展，改變人們交友模式，接踵而來的是大量資料、大數據時代來臨，引領我們走向機器學習的新紀元。

大數據時代來臨

大數據是「迅速累積的大量異質資料」，具有量大、速度快、種類多的 3V 特質，藉此協助人們決策、洞察事物、最佳化。

大數據時代，創造了許多成功企業案例，如 Google、Facebook、Amazon、Pinterest、Spotify、Uber 等等，他們的共同點是「關鍵、創新、大數據」。

資料探勘：從操作到應用

從資料探勘的程式談起，取得資料過後，必須決定目標，否則空有數據，而不知方向，也無用武之地。接著必須清洗資料，剔除有問題的數據，處理遺漏值，再決定資料單位、選擇相關屬性、正式探勘、決定輸出格式及解讀結果。大數據看似強大，卻不是萬能仙丹。資料科學是根據資料所做的預測，但若不能掌握想瞭解的問題，即使有海量的資料、高超的技術，也無法解決研究問題。資料的品質也是重要的，若數量不夠，代表性可能就不足，只能遷就既有數據。

資料探勘的方法是一大學問，大致分為相關性、分類性、叢集性、順序性：相關性看事件發生的機率；分類性以不同的屬性預測事件，例如 decision tree，或者類神經網路等；叢集性判斷哪些資料類型相近；順序性預測下一件事情。在實務上，不同方法可能結合使用。

運用資料探勘的技巧，能夠使現有產業價值提升、創造新興產業。從分析潛在顧客、廣告投放、分析店址選擇，到即時競價、亞馬遜家庭小精靈 Echo、無人機、聊天機器人……等，資料探勘在商業上的結合不斷為世界擦出新的火花，透過科技讓我們看見生活的更多可能性。

新 AI 的崛起是不可逆的。臺灣位於這個時代的轉捩點，有優良的工程師，有軟硬體整合的能力，又有對新科技的接受度、包容度。把握自身優勢，必能引領時代潮流。對於毫無背景的入門者，陳教授仍然鼓勵可以從基礎開始學起。現在不只大專院校有開設課程，民間也有許多學習資源，網路上也多的是開源套件可供使用。陳教授覺得這個大數據以及新 AI 的浪潮給許多人帶來了很難得、很值得掌握的新機會。

CHAPTER 4

子非人，安知人之語？——談自然語言處理

講師／臺灣大學資訊工程學系特聘教授　陳信希
編輯彙整／楊于葳

語言文字是人與人之間溝通的主要工具之一，世界上的語言很多，除了我們平常所熟知的中文、英文、日文、德文等之外，還有許多語言被使用中。人與人之間都不見得能相互瞭解彼此使用的語言，那麼電腦又如何能知道我們在說什麼？電腦又不是人，怎麼會瞭解人類的語言呢？事實上，電腦應用程式使用的語言為**程式語言 (programming language)**，與人類使用的**自然語言 (natural language)** 有很大的差異。知道自然語言處理的目標，便是現在我們所要討論的議題。

我們知道「電腦能否聽、說、讀、寫人的語言」為電腦是否擁有「人的智慧」的重要指標，在知道電腦是否瞭解人類語言之前，我們可以在此範疇議題之下，縱觀過去電腦對自然語言處理的應用，瞭解實踐該應用需要何種技術，探究電腦是否和人類一樣具有「智慧」的表徵——是否可以達到「自然語言理解」。以下將以**機器翻譯 (machine translation，常簡稱MT)**、**問答系統 (question answering)** 與**意見探勘 (opinion mining)**，這三個與生活層面相關的應用，進行一系列的分析與解說，用淺顯易懂的方式解釋個別應用的現況與未來發展。

與生活形影不離的應用——機器翻譯

機器翻譯就是透過電腦將不同語言呈現的資訊作轉換，如英文轉換成中文；但我們都知道兩種語言之間的詞彙使用，以及語句結構上都有很大的差異性，機器所要挑戰的即是「生成目標語言的語句」。我們都有過使用翻譯軟體的經驗，雖然使用時能翻譯出大概的意思，但有時機器翻譯得不夠精準，究竟現階段的機器翻譯已經進步到什麼程度了呢？機器在轉換自然語言的過程中又會面臨什麼困難呢？

機器翻譯早在冷戰時期就已經開始發展與應用，當時只是為了能夠順利進行情報收集，而衍生出這項科技。例如當時蘇聯跟美國之間互相在收集對方的情報，如何很快地把俄文變成英文就變成一項很重要的軍事技能。從早期的冷戰時期情報收集開始，機器翻譯的發展日益精湛，近年來在生活層面的翻譯需求更是突飛猛進、隨處可見。例如到日本、韓國旅遊，我們首先面臨的問題就是語言障礙，既看不懂日文、韓文的文字符號，想要用手機查找又不知道如何輸入日文與韓文，所以機器翻譯演變出了圖像分析 (image analysis) 的新興應用模式，只要拿手機拍照掃描翻譯，馬上就可以得到翻譯結果，解決人們在語言間輸入不便的問題。

機器翻譯的現況——Google 翻譯進步神速

Google 很早就開發機器翻譯軟體，原先使用統計機器翻譯（statistical machine translation，簡稱 SMT），近年來使用 Google 神經機器翻譯（Google neural machine translation，簡稱 GNMT）。基於 Google 神經機器翻譯的應用，系統能針對輸入的語句進行編碼，自動利用語句的上下文內容，生成符合目標語言語法的翻譯結果。機器翻譯之所以能夠被廣泛運用於多種語言之間的轉換，就是運用人工智慧深度學習技術。

自 2008 年起，陳信希教授連續 10 年記錄 Google 翻譯 (Google translate) 的翻譯結果，每當學期初開授自然語言處理課程時，都會將同一則新聞報導的內容放進 Google 翻譯，觀察翻譯結果是否有所變動，進而瞭解機器翻譯的技術進步到何種程度。

英文原文

1. Taiwan wins gold in woman's 75 kg powerlifting in Paralympics
2. Beijing, Sept. 14 (CNA) The Chinese Taipei flag was finally raised in the 2008 Paralympic Games in Beijing Sunday, with Lin Tzu-hui winning a gold medal in the women's 75 kg category of powerlifting event.

中文翻譯

1. 臺灣在殘奧會贏得女子 75 公斤級舉重項目金牌
2. 新華社 9 月 14 日在北京報導，中華臺北旗幟北京週日在 2008 年殘奧會終於升起，林資惠贏得女子 75 公斤級舉重項目金牌。

「英文轉成中文」或「中文轉成英文」的過程牽涉兩個面向的議題，分別是詞彙面向與結構面向。從詞彙來看，當原始語言與目標語言之間有明顯的差異，就存在所謂的詞彙使用差異性，在上述這則新聞中有幾個重要的詞彙，例如，升國旗的

「升」字，英文為「raise」，2008 年的翻譯系統把該單詞翻譯成「提出」，到了 2017 年的時候該單詞又被翻譯成「引發」，直到 2018 年翻譯系統才終於翻譯成正確的字詞「升起」；又譬如新聞中的「女子」一詞，2008 年的時候則是翻譯成「婦女」；或者「event」一詞，在前幾年被翻譯為「事件」，較佳的翻譯應該稱為「項目」。

表 4–1　2008 年到 2018 年追蹤 Google 翻譯詞彙結果。

詞　彙	2008 年	2012 年	2014 年	2015 年	2016 年	2017 年	2018 年
raise（升起）	提出	抬起	抬起	提出	提出	引發	升起
woman（女子）	婦女	女子	女子	女子	女子	女子	女子
event（項目）	事件	事件	事件	賽事	賽事	賽事	比賽
gold（金牌）	金 / 金牌	黃金 / 金牌	金 / 金牌	金牌 / 金牌	金子 / 金牌	金 / 金牌	金牌 / 金牌
powerlifting（舉重）	powerlifting	舉重	舉重	舉重	舉重	舉重	舉重
Lin Tzu-hui（林資惠）	林姿慧	林慈清輝	林梓輝	林姿輝	林姿輝	林姿輝	林子輝

從結構面向來看，英文語法結構中的「介系詞片語」，無論修飾名詞或是修飾動詞都放在其後面，如果刻意比照同樣的順序進行中文翻譯，就會翻譯成「臺灣贏得金牌女子 75 公斤舉重在殘奧會」，由此可見中文的語法結構顯然與英文不一樣。根據

10 年追蹤觀測，結果發現每年的翻譯的確有在變化，整個技術有很大的突破。

表 4–2　中英文介系詞片語中的不同位置。

原　文	Taiwan wins gold in woman's 75 kg powerlifting in Paralympics
翻　譯	臺灣在殘奧會贏得女子 75 公斤級舉重項目金牌
2008 年	臺灣勝金在婦女的 75 公斤 powerlifting 在殘奧會
2012 年	臺灣勝在殘奧會舉重女子 75 公斤黃金
2014 年	臺灣勝金在女子 75 公斤級舉重殘奧會
2015 年	臺灣贏得金牌的女子 75 公斤舉重在殘奧會
2016 年	臺灣勝金在殘奧會女子 75 公斤舉重
2017 年	臺灣勝金在殘奧會女子 75 公斤級舉重
2018 年	臺灣在殘奧會女子舉重 75 公斤級比賽中獲得金牌

美國版的百萬小學堂，這次要與超級電腦一起比賽——問答系統

問答系統包括文字問答與語音問答，如智慧手機、智慧音箱等，讓我們可以對著機器用語音發出問題。在 2011 年 2 月，美國 IBM 公司派出他們新開發的超級電腦 DeepQA （簡稱 Watson，華生）參加綜藝節目《危險邊緣》的機智問答競賽，以此測試超級電腦華生的問答能力，過程中華生要與兩位過去獲得機智問答競賽的冠軍簡寧斯 (Ken Jennings) 與洛特 (Brad Rutter) 進行一場問答對賽。

比賽一共進行了 3 天之久，最後的結果是由超級電腦華生得到冠軍，並獲得 100 萬美金，簡寧斯與洛特分別得到第二名 30 萬美金與第三名 20 萬美金。參賽時，超級電腦華生並沒有連接網路，而是使用內存的資料庫進行比賽，當中存有大量結構化與非結構化的資訊，包含了維基百科全文、百科全書、辭典、新聞、文學作品等。比賽過程中，華生按下答題燈號的速度始終超越簡寧斯與洛特，答題時也幾乎都能精準地回答出答案，但華生有時的回答也會讓人覺得匪夷所思，例如出題題目為「美國有一個城市中最大的機場是以二戰英雄來命名，第二大機場以戰役命名，請問是哪一個城市？」華生回答「多倫多」，答案卻是「芝加哥」，或者題目問說「Oreo 餅乾是在什麼時候推出的？」華生與簡寧斯都回答「1920 年」，答案卻是「1910 年」。

華生之所以答非所問或回答錯誤，是因為超級電腦在回答問題的過程中，會面臨許多難題。事實上每一個回答的過程，都是一個巨大的挑戰議題，首先要分析問題，找出「主持人要問什麼？」、「這個問題在問什麼？」，第二就是找尋正確的答案，分析資料庫現存的內容擷取正確答案，還要有計算支持或反駁資訊的信心度。這涵蓋自然語言處理、資訊檢索、機器學習、知識表示和推理、大規模平行計算等技術，而這一切都環環相扣、密不可分。

例如，我們問超級電腦華生「是誰創立了諾貝爾獎？」華生首先要知道題目在問的是「一個人」，而電腦系統的文件中，可能有非常多個文件可以支持這個答案，所以超級電腦必須進行文件檢索，把可能含有答案的那些文件給找出來。這時我們搜索到兩個文件：

文件一：在他的遺囑中，他利用他的巨大財富創立了諾貝爾獎，各種諾貝爾獎項均以他的名字命名。

文件二：諾貝爾獎是根據阿佛烈・諾貝爾在 1895 年的遺囑而設立的，並由諾貝爾基金會管理阿佛烈・諾貝爾的遺產及諾貝爾獎的頒發。

在搜索到的兩份文件中都同樣有著「諾貝爾獎」一詞，但一份寫著「創立了諾貝爾獎」，另一份寫著「設立諾貝爾獎」，我們可以看到在第一個文件中的敘述，是比較符合題目的問題，但語句中使用的是代名詞「他」。如果華生回答的答案是「他」，顯然不是正確的答案，所以代名詞對電腦來說是另一項挑戰。而「設立」跟「創立」在表面上，顯然是兩個不一樣的字串，但是我們怎麼讓電腦知道，其實這兩個符號代表同樣的概念，這又是一個議題。如何把兩者整合在一起，即可藉由信心指數的計算，根據檢索到的內容去計算得分的多寡，幫助超級電腦華生回答出正確答案。

除了華生的例子外，問答系統技術也可以應用到生活不同層面。例如可以搜集大量的食譜，當我們不知道如何煮飯做菜時，智慧型系統可以分析現有的食材，並提供做菜的建議；或者是語音問答系統與智慧型音箱結合，如 Apple 的 Siri、Google 的 Google Assistant、Amazon 的 Alexa，這些智慧型裝置變成我們現在生活的一部分，只要對著家裡擺放的這些智慧型設備提出我們想問的問題，就可以得到我們想知道的答案。

從紛亂的資訊中獲取關鍵訊息——意見探勘

網路評價的分析與應用

首先是文本分析，我們對新聞、科技論文、電子郵件、網頁、部落格貼文、微網誌、病歷資料等，用不同類型、不同來源的數位資料進行文件探勘，瞭解不同面向的議題，如市場產品資訊、政治意見追蹤、社群網路分析、熱門議題分析等。舉例來說，透過網路評論，擷取出對我們而言相對重要的訊息，就是基本文本分析功能的展現。以旅館評論為例，假如我們搜尋一間旅館，而網路旅館評論內容是：

> 狀元樓是南京老牌酒店了，在夫子廟入口的地方，遍布我喜歡的小吃店。客房格局挺古老的，面積不大，不過景觀很好，可以看見秦淮河。服務態度很好，會用力的幫著推轉門（就不能裝個自動的嘛）。洗澡水很舒服。

※紅色代表正面評論，綠色代表負面評論，藍色表示面向。

我們都有相同的經驗，去旅遊的時候，一定要找到住宿的旅館，希望費用愈便宜愈好，交通地點愈便利愈好，服務態度也是愈親切愈好。如果以上都無法達到，至少不要選到地雷旅館，破壞我們出遊的興致，所以要找旅館的時候，我們都會傾向先看看各旅館的評論，參照以上結果，即可以得知好壞。

市場產品資訊的分析與應用

意見探勘還可應用在市場分析中的標的追蹤，我們若以台灣積體電路製造股份有限公司（台積電）當作一個範例，從網路收集不同型態的資料，包括新聞媒體、報章雜誌、輿論評價等，利用詞彙的正向性與負面性進行評價歸類，分析產業市場本身情境與周圍的環境對台積電的看法。

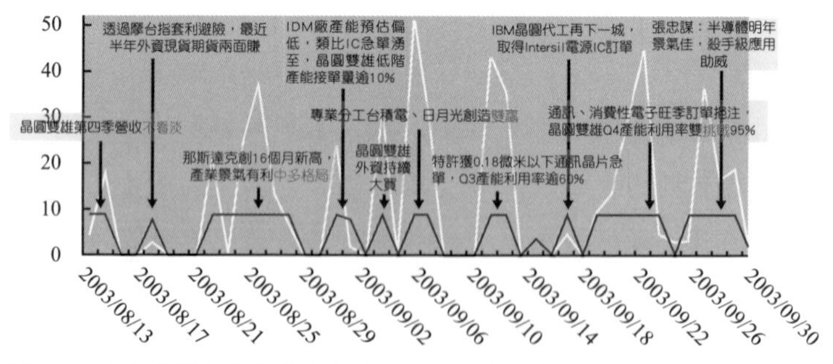

▲圖 4-1　台灣積體電路製造股份有限公司市場分析與標的追蹤 。 *x* 軸代表時間的走向，*y* 軸代表意見的正面、負面評價。

政治意見追蹤的分析與應用

2007 年陳教授與學生發表一篇意見追蹤的期刊論文，是關於臺灣總統大選的輿情分析。因為研究初期臺灣網路媒體資料尚未普及，資訊來源還是以報章雜誌為主，所以這項研究的分析資料，是以臺灣四家主要報社的新聞內容為主。當時的總統候選人有三位，給定三位候選人代號 A、B 及 C，而 D 是當時的總統。根據時間軸來分析，當時總統大選在 3 月 20 號，選舉後我們通常會賦予當選人較高的期望，是一段選後的蜜月期，根據統計數據分布圖，瞭解當時的總統大選選前、選後的狀況與激烈程度。

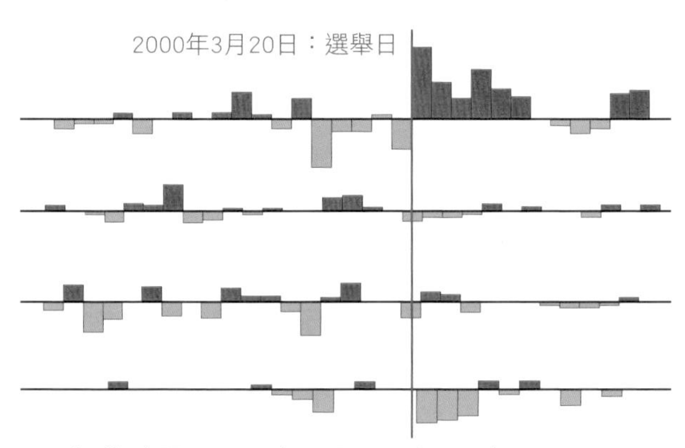

▲圖 4-2　總統大選之多標的輿情分析，紅色代表正面評價，綠色代表負面評價。

機器辯論的分析與應用

2018 年 6 月中旬， IBM 公司再次展現人工智慧的應用結果——Project Debater，是世界上第一個能夠與人類進行辯論的機器人。Project Debater 機器人分別與以色列國際辯論協會主席扎弗里爾 (Dan Zafrir)，以及 2016 年以色列國家辯論冠軍奧瓦迪亞 (Noa Ovadia) 進行辯論比賽，兩大辯題分別是「政府應該增加太空探索之經費」 與 「遠端醫療應該在醫療占更大的比例」，無論是兩位人類辯手還是機器人 Debater，都是蒞臨比賽現場時拿到題目，而準備時間只有 30 分鐘。

機器人 Debater 在賽前準備的 30 分鐘裡，進行內部資料庫搜索，找尋與題目相符的論點。這些內容同時要具有吸引力、多樣化，以及最能夠讓人接受的特點。利用檢索到的資料加以重新組合，生成具有架構、有邏輯性的表述語句加強自己的論述論證。比賽的方式是以一對一進行，辯論的正方、反方都各自有 4 分鐘開場——表達自己持方的觀點；4 分鐘反駁——反駁對方辯手的觀點；最後進行 2 分鐘總結。根據評審團的得票數決定誰獲得勝利，結果機器人 Project Debater 與人類選手達成一勝一敗的成績。

這場比賽不同於 2011 年「具有標準答案」的問答競賽，這次 Project Debater 競賽的輸贏標準不再是答案的正確與否，而是要打動 IBM 的員工及記者組成的評審團的心，進一步地強化了機器人的思辨能力。

自然語言中挑戰與困難——歧義解析、容錯力與強健性

歧義解析——詞彙層次、語法層次、語意層次

英文字詞「current」既可當名詞也可當形容詞使用；英文字詞「bank」，可以當作「銀行」或「河岸」；在英文句子裡「saw the boy in the park」，可翻譯成「在公園裡看到了那個男孩」或「看到了在公園裡的那個男孩」，同樣一句英文可以被翻譯成兩種不同的解釋；又或者「The policemen were told to stop drinking at midnight.」(午夜時分警察被告知停止飲酒)，這句話中的警察角色有兩種解釋，「警察是停止喝酒的施事者 (agent)」，或者「警察是被告知的受事者 (patient)」。以上論述分別展示了詞彙層次、語法層次及語意層次的問題，我們稱這樣的狀況為具有「歧義性」。電腦如何判斷在句子中的同一詞彙該使用何種詞性，或者翻譯時該翻譯成哪一種詞彙，只要句中含有介系詞片語的使用，都會成為自然語言處理中的一項挑戰。

容錯力

「容錯力」即「容忍錯誤的能力」。日常生活中，我們並非都是規規矩矩地使用文字，有時我們會打錯字，或者一不小心就創造出一個新的詞彙，甚至於使用了錯誤的語法，我們可能都還渾然不知。例如「網紅」一詞是近幾年才有的新興詞彙，意思為「網路紅人」，我們若去翻看紙本字典，根本無法檢索到

這個詞彙。面對這樣的狀況，電腦要能夠接受不符合規範的字詞與表達，試圖瞭解該詞彙的意涵是什麼，所以自然語言處理即需要具備容錯力，來因應這樣的狀況發生。

強健性

強健性意指自然語言處理面對領域改變時的應變能力。例如，新聞媒體上的資料、Facebook 社群的資料以及醫院裡的病歷資料，三者之間的寫作風格與內容上都有極大的差異性。再者當我們又遇上方言俗語、不同的外語、縮略語、諧音、符號合併，抑或是表情符號的運用，都能夠讓語言上表現的更為豐富，但相對來說挑戰也愈高。因此當領域改變時，自然語言處理就要具備能在不同領域語言間轉換的強健性。

淺談自然語言處理

如何表示心中所想——概念的表達與衝突

當我們要用語言表達想法的時候，通常會描述真實世界裡面的概念。例如我們看到眼前有一隻貓，想要描述牠時，會使用我們共同熟知的詞彙，就像是一出生父母就會告訴我們「這是一隻貓」。反覆練習後，大腦就會將貓的形象與「貓」這個字結合在一起，英文也是如此，「cat」同樣也是表達「貓」的意思，不同語言就用不同的文字符號呈現這些概念，即為一種透過符號的概念表示。

那麼世界上的符號都足以表達相同的東西嗎？事實上，同樣的符號有時候能表達出很多意思，像是英文字「bat」，既能夠表示成「蝙蝠」也可以當作「球棒、球拍」；又比如「王建民」這三個字，我們可能首先聯想到的人是棒球投手王建民，但是世界上叫「王建民」的人可能非常的多，假如我們以「王建民」(Chien-Ming Wang) 作為 Google 搜尋的關鍵字，可以找到許多身處異地卻同名同姓的人，當中當然有我們熟知的「紐約洋基隊投手王建民」，除此之外還有社會學學院教授、市委常委政法委書記、分院的院長、研究院副研究員、波音公司的總裁等。以上只是檢索時排名較前面的人，實際上一定有更多「王建民」等著我們去發現，很多沒有被檢索到的王建民依然存在，只是被埋沒了而已。

構成語言的基本單位

在瞭解架構之前，首先要瞭解語言的組成，包含：

1. **詞素 (morpheme)**

   例如中文裡的「們」，英文裡的「-ly」、「-ful」或是「-able」。

2. **字元 (character)**

   在中文表示「中文字」；在英文裡即「大小寫字母」。字元可以進一步組成詞彙。

3. **詞彙 (word)**

   即是字元字串。例如「bat」、「cat」、「臺灣大學」。

4 N- 連詞 (character N-gram)

意指將 *N* 個字元結合在一起形成一個更大的單元。例如：雙連詞「臺灣」、「灣大」、「大學」，或者三連詞「臺灣大」、「灣大學」。

5 多詞表達 (multiple word expression)

意思就是說，我們可以把一些詞彙組合起來，變成一個比較大的詞彙，並且賦予它一個特定的意涵。例如「網路紅人」，我們可以稱為「網紅」。

6 命名實體 (named entity)

例如「台灣積體電路製造股份有限公司」可以被稱為「台積電」。

我們希望把真實世界裡面的概念，用一些符號組合起來來代表。那有這些概念之後，我們希望再透過其他方式去組合出所謂的子句 (clause)，組合成句子 (sentence)，組合成段落 (paragraph)、區段 (passage)、文件 (document)，還有多文件 (multi-document) 這樣的概念。

讓自然語言掌握共通性——利用分類法學習

如何掌握自然語言的共通性呢？圖 4–3 例子中的第一個段落由三個句子形成 (使用句號當作句子的結尾)，一個文件則是由三個段落組成，一篇文章可以構成一個文件。那麼對於我們已知的文件結構，電腦要如何處理呢？首先就是要找出「句子的邊界」，我們通常希望能掌握規律性或共通性，以「分類」的方式對自然語言處理就是一種很好的學習方式，包含詞性類別、語意類別、句法類別、相依類別、言談類別、意見類別、情感類別、立場類別等。

文件		
	句子 人類語言是人和人互動，傳遞資訊很重要的媒介，人類的知識也是透過語言文字記錄下來。電腦科學的研究，長久以來就把電腦是否具備人類語言處理能力，視為電腦是否具有人的智慧的重要指標之一。自然語言處理探討人類語言的分析與生成，終極目標是電腦與使用者直接以人的語言互動。	段落
	由於文字是知識呈現的重要媒介，自然語言處理的素材相當多，特別是網際網路興起後，大量數位化的內容不緊唾手可得，而且反映真實世界不同型態語言的使用。新聞、電子郵件、網頁、維基百科、部落格貼文、微網誌、論壇、科技論文、電子病歷、瀏覽紀錄……等不同類型來源的數位資料，都是可能分析探討的對象。	段落
	在Jeopardy人與電腦益智問答比賽，華生DeepQA系統贏過兩位益智問答高中簡寧斯和洛特，自然與眼處理是這個智慧問答系統的核心技術之一。此外，智慧問答系統已經被導入一般生活應用中，Apple的Siri、Google的Assistant、Microsoft的Cortana、Amazon的Alexa等都是商業化的商品。機器翻譯系統，例如Google Translate將一種語言所撰寫的資訊轉換成另一種語言呈現，降低資訊傳遞上語言的障礙，一直是人工智慧的典型應用範例。除了直接的語言文字應用外，輿情分析、病例探勘、金融科技、健康照護、法律諮詢、烹飪教學……等，都有自然語言處理的影子。	段落

▲圖 4-3　組成一篇文章或文件的基本架構。

1 詞性類別

我們以先前提到的句子，放入中央研究院的斷詞系統，系統會幫我們把每一個字詞的邊界挑選出來。因為中文字的使用方式不像英文會有「間隔、空格」隔開每個詞彙，所以系統首先要做的事情，就是「分詞」或稱「斷詞」。接著幫每一個單詞標記詞性，如圖 4–4 所示，這些詞性可以是普通名詞 (Na)、地方詞 (Nc)、狀態句賓動詞 (VK)、狀態不及物動詞 (VH)、副詞 (D)、動詞前程度副詞 (Dfa)、語助詞 (T)、介詞 (P)、Cbb（關聯連接詞）、DE（的、之、得、地）。例如：「狀元」、「面積」、「景觀」即為普通名詞；「小吃店」、「客房」為地方詞；「喜歡」為狀態句賓動詞；「大」、「好」是狀態不及物動詞；「挺」、「很」為動詞前程度副詞。當然斷詞系統也可能會出錯，例如狀元樓應該是個詞彙，但是被系統給分開成「狀元」和「樓」兩個詞彙。

狀元(Na) 樓(Nc) 是(SHI) 南京(Nc) 老牌(VH) 酒店(Nc) 了(T) ，(COMMACATEFORY)

在(P) 夫子廟(Na) 入口(Nc) 的(DE) 地方(Na) ，(COMMACATEFORY)

遍布(VH) 我(Nh) 喜歡(VK) 的(DE) 小吃店(Nc) 。(PERIODCATEGORY)

客房(Nc) 格局(Na) 挺(Dfa) 古老(VH) 的(DE) ，(COMMACATEFORY)

面積(Na) 不(D) 大(VH) ，(COMMACATEFORY)

不過(Cbb) 景觀(Na) 很(Dfa) 好(VH) ，(COMMACATEFORY)

▲圖 4-4　詞性類別。

2 語意類別——同義詞

一張夕陽的照片能同時被幾種字詞表達呢?在自然語言裡，我們為了要讓電腦知道不同的詞彙都是表示相同的事物時，就需要將同義詞給予同一類別。1980 年出版的《漢語同義詞詞林》這本字典將「夕陽」、「斜陽」、「殘陽」、「落日」等詞彙編碼為「Bd02-3」，代表同一種類別。同樣地，英文字詞也會面臨相同的問題，1993 年美國的一項研究計畫將英文的同義詞收錄在「WordNet」裡面，代表著相同意涵的「bat」和「chiropteran」就會被歸類為同義詞。

3 句法類別與相依類別

透過人類給予電腦的語言表示符號，再經由系統分析這句話的句法結構，我們希望電腦能夠掌握這些符號的規律性，進而得知句法類別。舉例來說，分析「在夫子廟入口的地方，遍布我喜歡的小吃店」這句話，可以得出名詞片語 (NP)、介系詞片語 (PP)、句子 (S) 等的剖析樹句法結構（圖 4–5）。

然而電腦分析出來的剖析樹並非完美無缺，因此我們可能會改變以相依類別——較為簡單方式進行歸類。例如「我喜歡吃小吃店」，我們只要知道兩個詞彙之間的關係就好，「我」跟「喜歡」之間的關係，「喜歡」與「小吃店」之間的關係，我們即可得出「喜歡」是一個關鍵字詞，與其他字詞或符號存在著「root」、「nsubj」、「dobj」、「punct」的關係。

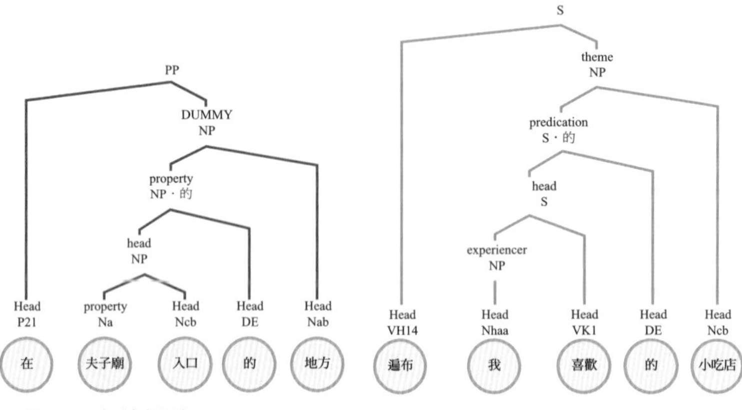

▲圖 4-5　句法類別。

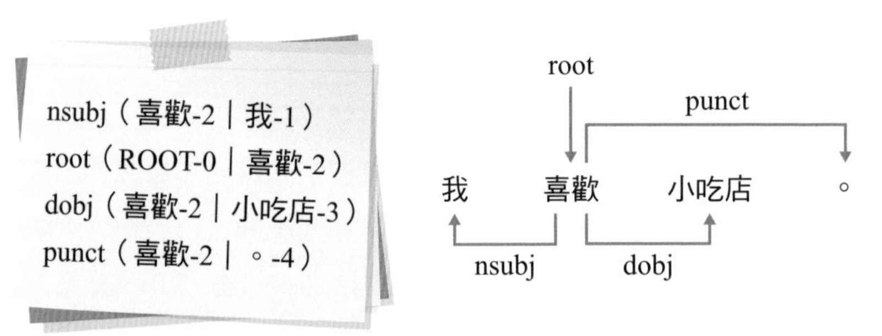

▲圖 4-6　相依類別。每個詞後面接的數字代表在句子中的位置，例如「喜歡 -2」 代表喜歡是句中第 2 個詞，「我 -1」 代表我是句中第 1 個詞。nsubj（喜歡 -2，我 -1）代表「我 -1」和「喜歡 -2」有 nsubj（主詞）的關係。

4 言談類別——每篇文章的背後都一定有它的脈絡可循

我們通常以句號作為一個句子的邊界，透過上下文的關係，進而理解整體文意的脈絡，這樣的關係我們也可以看成是一種分類的方式。舉例來說：

- 時序 (temporal) 關係

  「他首先證實傅爾和中谷義雄的理論。其次，他發現經絡不僅是電流的良導體，也是電磁波的良導體。」

- 因果 (contingency) 關係

  「因為颱風來襲，所以學校停止上課。」

- 轉折 (comparison) 關係

  「法國品牌的汽車在本市場的占有率雖然過半，但市場份額持續萎縮。」

- 推展 (expansion) 關係

  「伏爾泰是啟蒙運動的領導者，一位偉大的思想家。」

同理，電腦也需要理解句子裡面的含義，才能做出相對應的判斷與處理，因此必須要知道句子跟句子之間，子句跟子句之間到底是什麼樣的關係。

5 意見類別與情感類別

狀元樓是南京老牌酒店了，在夫子廟入口的地方，遍布我喜歡的小吃店。客房格局挺古老的，面積不大，不過景觀很好，可以看見秦淮河。服務態度很好，會用力的幫著推轉門（就不能裝個自動的嘛）。洗澡水很舒服。	
正面	負面
• 遍布我喜歡的小吃店	× 客房格局挺古老的
• 景觀很好	× 面積不大
• 服務態度很好	
• 洗澡水很舒服	

無論是先前提到的輿情分析，抑或是公開辯論等，這些意見中涵蓋著兩極化的表現，會有比較好與比較不好的區別，我們就可以用「正面」與「負面」的方式進行分類。若以「酒店狀元樓」的評價為例，我們可以看到一則評價中，有正面的意見表態，如「遍布我喜歡的小吃店」、「景觀很好」、「服務態度很好」、「洗澡水很舒服」，也會有負面的意見表態，如「客房格局挺古老的」、「面積不大」。而在通訊軟體出現之後，人們漸漸開始有使用表情符號 (emoji) 的習慣，這種符號表示法某種程度可以反映出使用人的感覺與感受，增加對話時更有彈性地傳達當下的情感表現，開心的時候以笑嘻嘻的符號（😊）表示、難過的時候以哭臉符號（😭）表示等（圖 4–7）。

▲圖 4-7　表情符號於對話句子中的使用。

6 立場類別

上述曾提及 IBM 公司舉辦的人類與機器人的辯論大賽中，機器人 Debater 要針對論題進行辯論，它很可能是持正方——贊成，也有可能是持反方——反對。無論擔任哪一方的角色，首先必須要知道某個議題是否牽涉到「贊成」或「反對」，將贊成與反對的所有資訊搜集起來，機器人 Debater 就可以將資料編織成有條理的情境，順利地參加辯論競賽。除了辯論之外，許多事情都會遇到立場問題，像是無神論、氣候變遷、女權主義運動、墮胎合法化、核能發電、廢除死刑、同性婚姻等。

自然語言處理一些任務

在各個類別當中，自然語言都需要透過不同的方式處理，如詞素就要經過**詞素分析 (morphological analyzer)**；詞彙 (word) 的使用上就要有**中文斷詞 (tokenizer/Chinese segmentation)** 的處理；命名實體 (named entity) 則是要設置**命名實體辨識 (named entity recognition)** 幫助我們判別；詞性 (part of speech) 就有詞性標記系統幫助；句法類別 (syntactic category) 要以**句法剖析 (syntactic parser/chunker)** 幫助我們釐清語句結構；相依類別 (dependency category) 透過**相依剖析 (dependency parser)** 讓我們知道詞彙相互的關係；語意類別 (semantic category) 則可以藉由**語意關係標記 (semantic role labelling)** 歸納出詞彙的語意角色；而在意見 (opinion)、情感 (emotion)、立場 (stance) 等分析上，分別又以意見探勘、**情感分析 (emotion analysis)**、**立場偵測 (stance detector)** 等方式進行處理與識別。

符號計算

我們剛剛提到的分類方式，都是以某種符號呈現，並且加以計算。不論是詞彙、情感、贊成或反對，都是屬於一種符號的表示，而在自然語言的處理程序中，最主要要處理的事情就是進行比對，比對這個字串跟另外一個字串是不是一樣的，如果是一樣的，即是比對成功，表示它們是可以「匹配」的。但是如果單純以「是否相同」來看待，那麼「夕陽」和「落日」兩者使用的符號外觀並不一樣，就會得到匹配失敗的結果。雖然表面形式是不一樣的，但是實際意義是相同的，這時我們就要藉助於外部資源，例如同義詞詞林，幫助符號進行正確的匹配。

然而，匹配的結果無法計算詞彙**語意關聯程度 (semantic relatedness)**。例如，「動物 vs. 猴子」與「動物 vs. 桌子」，猴子是動物的一種，可能成為兩者之間的關聯性，因此在識別上，系統要將「動物 vs. 猴子」給予較高的關聯程度分數，反映出二者之間的語意接近的程度。又或者「及物動詞 vs. 不及物動詞」與「及物動詞 vs. 副詞」，概念上應該前者會更為接近，「及物動詞 vs. 不及物動詞」同樣都是動詞，所以也就能獲得較高的關聯程度分數。

分布式表示

分布式表示 (distributional representation) 主要的著眼點在於，我們人在表達情感概念的時候，會牽涉到某種「意思」(meanings)，或者可稱之為「意涵」。有人說「意思的產生來自使用！」(Meaning as use!)，也有人認為「要瞭解詞彙的意思，關鍵是伴隨出現的詞彙」(You shall know a word by the company it keeps❶)，又有人提出「意思相似的詞彙很可能出現在相似的語境」(Words with similar meanings are likely to appear in similar contexts)，就如同克漏字測驗，我們可以利用周遭已知的詞彙線索，猜測未知空格的答案，所以說意思相似詞彙可能出現在相似的語境裡面，藉由這些「意思」來進行分布式假設 (distributional hypothesis)——如果兩個詞的上下文相似，則這兩個詞的詞義是相似的，因此以句子為單位的語境對於機器學習至關重要。

- 國道「女友鬧脾氣」開門下車！他秒關門開走。把門關上
- 距離五點郵局關門只剩十分鐘了。打烊
- 499 之亂陷入瘋狂民眾以肉身阻擋門市關門。打烊
- 全美星巴克自 29 日下午關門，直至 30 日上午才會重新營業。停業
- 近年來有不少二輪戲院都紛紛宣布關門。停業

---

❶語言學家弗斯 (John Rupert Firth) 於 1957 年提出的名語錄。

舉例來說，「關門」這個詞彙同時有「把門關上」、「打烊」、「停業」的意思，人類閱讀時可以清楚地知道其中的意思，我們希望電腦也可以學習人類利用情境做出正確地判斷。判斷的分界點可以是一個篇章、一個段落，或者是一個子句，範圍愈大包含的資訊也愈多，與此同時雜訊也會跟著變多，因此自然語言處理就需要找出共同出現的關鍵詞彙，再藉由向量計算得到語意關聯程度。每個詞彙都是以高維度向量表示，如用餘弦函數 (cosine) 來計算兩個詞彙的關係，夾角愈小，詞彙關係愈緊密。優點在於可以計算語意的關聯程度；缺點在於維度太高，導致太稀疏，解決辦法就是降低維度。

分散式表示

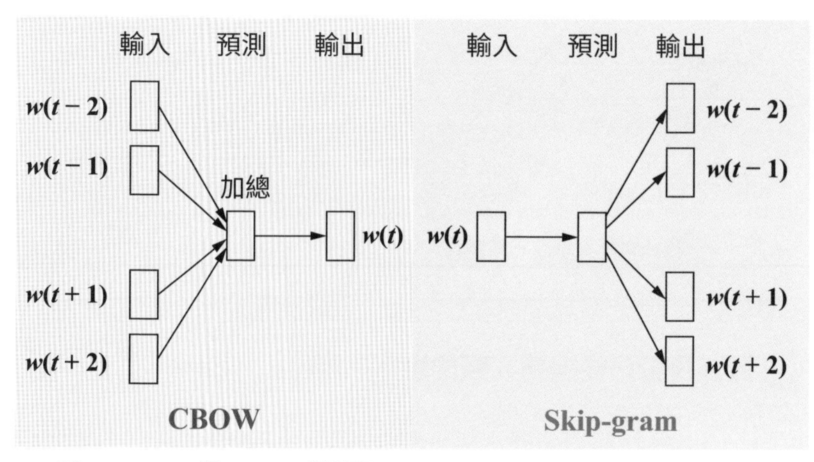

▲圖 4-8　CBOW 與 Skip-gram 模型圖。

分布式表示與**分散式表示 (distributed representation)** 是兩個不同的想法，分散式表示與深度學習相關，可以進行向量空間的詞彙表示。例如圖 4–8，Continuous Bag Of Words (CBOW) 是利用上下文的詞來達到預測目標詞，而 Skip-gram 則是以當前的詞來預測上下文的詞。在不同的架構之下，可以用向量的方式呈現，但此時的向量維度已經不屬於高維度向量，而是變成低維度、稠密性的向量（約 300 至 500 維度），這樣的表示法可以用於詞彙配對之間的語法和語意的類比推論（圖 4–9）。

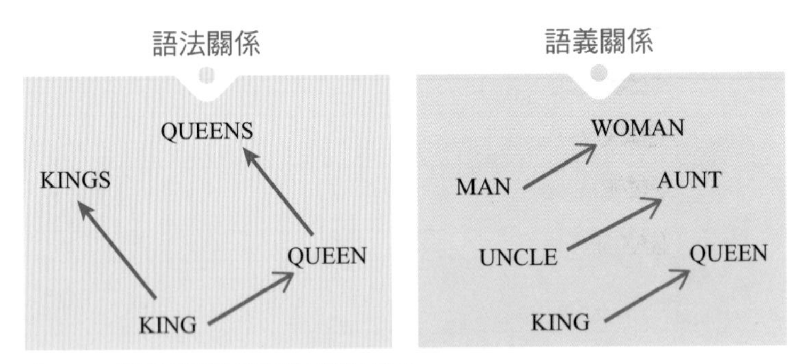

▲圖 4-9　語法關係及語意關係類比推論。

機器是否已經達到人類的境界了呢？

透過機器翻譯病歷資料，我們可以知道領域知識對於自然語言處理很重要，領域的轉移對於系統效能也會有很大的影響，資源在以機器學習或深度學習為基礎的自然語言處理，扮演了重要的角色，所以稀少資源或有限資源機器學習或深度學習的研究中，資料和知識的整合是一項重要的趨勢。而語言當中可能含主觀、誇大、不實、諷刺、隱喻、雙關語……等資訊，語言理解不僅和語言相關，可能還需要用到世界知識、常識等外部知識。未來我們還可以整合人類常識、世界知識、因果關係、動作過程，或者是文字、視覺、聽覺等資訊的多模態知識，呈現知識表達與推理，這些都是自然語言處理未來可以努力的空間。

- 可倍速啟動不老基因，延長皮膚細胞的青春生命力　誇大
- 點餐都要等半小時，服務還真是好啊　反諷
- 冬天：能穿多（ㄉㄨㄛ）少穿多少
夏天：能穿多（ㄉㄨㄛˊ）少穿多（ㄉㄨㄛˊ）少　隱喻
- 太陽生下小太陽，要如何祝賀？答：生日快樂　雙關語

CHAPTER 5

電腦視覺——一場做了五十年的暑假作業

講師／臺灣大學資訊工程學系教授　莊永裕
編輯彙整／連品薰

1969 年圖靈獎的得主，人工智慧之父馬文・閔斯基 (Marvin Minsky)，1966 年任教於麻省理工學院（簡稱 MIT）時曾經招募學生進行一個暑期研究計畫，題目是「將攝影機連上電腦，讓電腦描述所看到的東西」。自由軟體基金會創辦人之一的薩斯曼 (Gerald Sussman) 教授當時就是參與的學生之一，他後來成了 MIT 電機系的教授，但那個暑假他並沒能完成這個題目。事實上，這項看起來單純的「暑假作業」成了數以萬計的科學家耗時 50 年都還無法企及的目標。

為什麼電腦視覺會成為人工智慧的歷史難題呢？就連一個不會說話的嬰兒都能辨認得出他的母親、奶嘴與寶寶食品……不需要任何人教導，就已經能透過「看」去初步認識這個世界。視覺看似是人類很初階的生理功能，卻讓科學家傷透腦筋，原因就在於我們不知道該如何「教」一臺電腦如何「看」。我們可以將孩子送去英文補習班、鋼琴或圍棋才藝班，讓孩子按部就班地學會英文、鋼琴與圍棋，因為語言、樂器與遊戲背後都有一套人為的規則與教材，只要掌握定義和原則就能學會。但視覺不一樣，我們似乎與生俱來就會看，但卻說不出來為什麼我們會看，更不要說教別人如何去看了。

時到今日，任何人只要上傳一張照片，Facebook 就能準確地認出他在照片裡的朋友，是否代表科學家已經解決了這個魔王級的挑戰？他們如何做到的？以下就從早期的影像處理，到特徵擷取的影像辨識，以及應用了深度學習的**電腦視覺 (computer vision)**，來介紹人工智慧中「矽眼」的演化史。

電腦視覺和人工智慧

在開始解謎前，科學家們自問：視覺在人類心理歷程中扮演怎樣的角色呢？換一個說法我們也可以問，電腦視覺跟人工智慧的關係是什麼呢？在中文的說法裡，「智慧」和「聰明」有著相近的意義。聰明的本意是「耳聰目明」，過去的人們認為一個感官敏銳的人就是聰明的，因為感官是我們用來和世界互動的工具，它能幫助我們探索外界。用電腦的角度來思考，感官就是和環境互動的介面 (interface) 或工具 (device)。而在人工智慧的領域中，著名的圖靈測試在判斷一個程式是否具有智慧時，就是讓受試者去辨別他互動的對象是真人或者程式，如果電腦成功讓受試者覺得它是真人就通過了測試。退一步而言，人類會進行各式各樣的心理活動，但圖靈測試在測試一部電腦時，不需要它具有進行內在思考活動的能力，只要它與外界的互動模式跟人類一樣就足夠了。雖然這種「感官智慧」只是人類智慧的一部分，但科學家正是由此出發，逐步拼裝起一個人工的心靈。

電腦視覺的基礎

相機的原理——底片上的能量空間分布

我們如何藉由視覺認識這個世界呢？首先要有一個場景，加上一個感測元件（對人類而言是一個眼睛，對電腦而言就是一臺攝影機)。外界的光以能量的形式被視網膜所接受,並轉換成神經訊號傳遞到腦皮層,大腦便會針對特定的需求對這些訊號進行不同方式的解讀與詮釋。例如它可以初步判斷一個場景中有「房屋」、「水池」與「樹木」,或是更高階一點的認出這是「一個在湖畔的度假小屋」,甚至結合過去的記憶辨認出明確的地點。

如果我們要讓電腦也能做到這種程度,需要的就不只是代替眼睛的攝影機,還要有能模仿大腦的程式,由攝影機接收外界訊號並由程式進行辨識。雖然真正關係到人工智慧的是後期的**影像辨識 (image recognition)**, 但要認識電腦視覺我們得先從接收及處理訊號的攝影機開始。

攝影機中接收訊號的是底片,底片上的每一個點都能記錄它所接收到的能量,收到的能量愈高、曝光愈多,呈現的影像就愈明亮;反之則愈黯淡。但如果我們直接把底片放在場景前面,因為場景中的每一個點都會往四面八方發射光線,而底片上幾乎每一個點都能接收到場景中 A 點、B 點、C 點……等不計其數的點所散發的光,如此一來底片呈現的會是場景中所有的能量總和——一片的亮白。

但科學家希望底片能表現場景的空間能量分布,而不是能量的總和,所以他們將底片放進一個黑盒子中,並在盒子正對場景的面上挖一個小洞讓光照射進來,這就是第一臺針孔相機,也是相機最早的原型。黑盒子限制了光的路徑,於是從 A 點散發出來的光大部分都被黑盒子擋掉了,只有少部分光線穿過針孔照射到底片特定的位置上，因此場景和底片建立了空間上的對應關係。

此時科學家幾乎大功告成，但這個相機的雛形仍有個美中不足之處，就是當我們力求影像對應的精準而將針孔穿的愈小時，可以進來的光線就愈少，而底片也就需要愈長的曝光時間才能得到亮度足夠的影像。為了解決這個問題，科學家將針孔換成了透鏡。透鏡的好處是可以在不減少光量的前提下，以折射來改變光的路徑，一旦滿足物理定律❶，則 A 點發出的光線都會聚焦在底片的同一個點上，而在底片上得到清楚的影像。但如果 B 點的物距不滿足這個物理定律，則 B 點發出的光匯聚點不在底片上，就會在底片上呈現一個稍微暈開來的影像。不過這不是很大的問題，只要透鏡或光圈夠小，大致都能呈現一個清楚的影像。使用透鏡的相機已經達到精準記錄影像的要求，而現在的數位相機只是把傳統的化學底片換成 CCD 或是 CMOS 陣列等光學的數位感測元件。

早期影像處理——設計卷積核心

影像所散發出的光在視網膜上被轉換成神經訊號，在底片上被轉換為能量的空間分布，在電腦上則是以一個二維函數 $f(x, y)$ 呈現，在每一個位置 (x, y) 上都對應到一個亮度值。但

❶ $\frac{1}{物距} + \frac{1}{像距} = \frac{1}{焦距}$。

實際的影像中能量是連續的，電腦卻無法記錄連續的函數，取而代之的是記錄有限的 (x, y) 整數點位置的亮度值，也就是函數的**抽樣解析度 (sampling resolution)**。經過這樣處理後，電腦裡數位影像便以二維的陣列來呈現，陣列裡的每個方格都記錄著相對應空間點的亮度值，通常這個數字會介於 0 到 255 之間，0 表示最暗，255 是最亮。這裡記錄的是亮度，那色彩該怎麼表現？很簡單，只要疊加紅、綠、藍三原色的三張亮度圖就可以了。

如此一來，圖 5–1 的圖右在電腦中就會被記錄成圖左般的陣列。對於電腦而言，兩者是相等的；但對人類來說，從圖右中我們可以辨認出人像，圖左卻只是一連串無意義的數字。兩者只差在一個是以數字、另一個是以亮度呈現，為什麼會產生截然不同的結果呢？從低階的能量分布資訊到高階的認知判斷之間，人類似乎經歷了一種心理歷程的跳躍，而電腦又該如何從這一連串的數字當中辨認出照片裡的景物呢？這個從低階能量量測到高階語意理解的差距，就是所謂的**語意鴻溝 (semantic gap)**，也是電腦視覺需要跨越的挑戰。

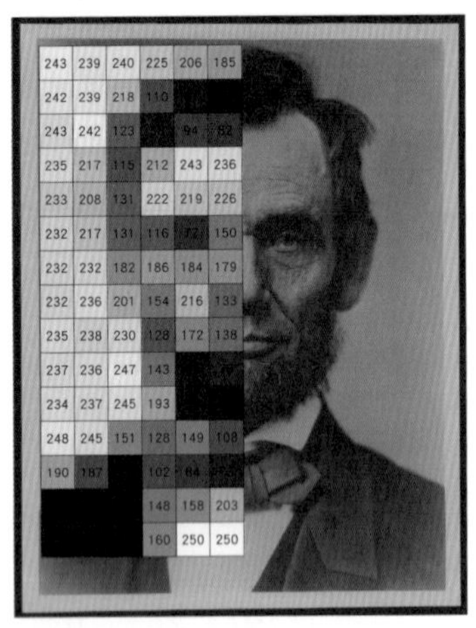

▲圖 5-1　對電腦而言，此圖左、右是相等的。

在 1960 年代，科學家尚未有能力讓電腦「認出」這個世界，所以他們從對數位影像進行一些處理開始嘗試，如模糊化、銳化、邊緣偵測等。藉由這些處理，雖然還不能達到影像辨識的功能，但是能萃取出比能量分布更高階一些的資訊，例如邊界其實是影像中很重要的訊息。科學家以**濾波器 (filter)**，又稱為**卷積 (convolution)** 的方法進行影像處理，這和當代發展的卷積神經網路也有密切關係，所以我們必須要先理解濾波器和卷積的原理。

卷積這個名詞聽起來拗口，但是以大家所熟悉的 Photoshop 來說明，所謂的**卷積核心 (kernel)** 就是生產一張美照不可或缺的「濾鏡」。這個濾鏡在電腦中其實就是一個較小的二維陣列，定義空間中不同位置的權重，將它和原輸入影像的各個位置以卷積核心作加權總和後，就能得出一個處理後的新圖像。

範例一：邊緣偵測

以邊緣偵測為例，使用的卷積左排皆為 1，中排為 0，右排皆為 –1，運算時相當於將輸入影像左排三格的加總減掉右排三格的加總（圖 5–2），如果將之除以 2 便相當於在求水平方向的導數，換言之也是水平方向的亮度變化。當我們將左側輸入影像和卷積核心進行運算後，得到的二維陣列兩側是 0、中間是 30，代表中間有劇烈的能量變化，而這個明暗快速變化的地帶就是邊緣所在。

$$
\begin{bmatrix} 10 & 10 & 10 & 0 & 0 & 0 \\ 10 & 10 & 10 & 0 & 0 & 0 \\ 10 & 10 & 10 & 0 & 0 & 0 \\ 10 & 10 & 10 & 0 & 0 & 0 \\ 10 & 10 & 10 & 0 & 0 & 0 \\ 10 & 10 & 10 & 0 & 0 & 0 \end{bmatrix} \times \begin{bmatrix} 1 & 0 & -1 \\ 1 & 0 & -1 \\ 1 & 0 & -1 \end{bmatrix} = \begin{bmatrix} 0 & 30 & 30 & 0 \\ 0 & 30 & 30 & 0 \\ 0 & 30 & 30 & 0 \\ 0 & 30 & 30 & 0 \end{bmatrix}
$$

▲圖 5-2　邊緣偵測運算範例。

範例二：銳化濾波器

一個數值都是 $\frac{1}{9}$ 的卷積核心相當於在做平均，因此有模糊化的效果；而如果想達到銳化的效果，可以將整張影像乘以 2，再減掉剛剛模糊化後的陣列，即可達到放大高頻細節而銳化影像的效果（圖 5–3）。

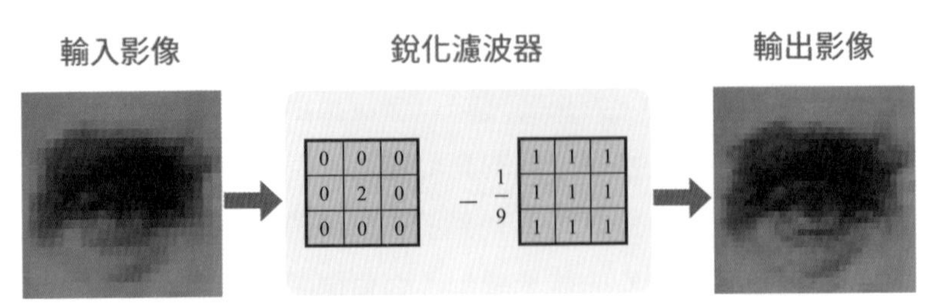

▲圖 5-3　銳化濾波器運算範例。

科學家藉由設計不同的卷積，能萃取圖片不同的屬性，來達到不同的目的。這種屬性萃取的作法，除了用作影像處理外，也成為影像辨識的第一步。

Is this a cat? 影像辨識的難題

▲圖 5-4　物件辨識。當我們看到物體時立即就知道它是什麼，然而對於電腦而言，物件辨識需要跨越語意鴻溝，是一大挑戰，也就成為電腦視覺研究的聖杯。

當電腦在圍棋上打敗人類，全世界都為之聳動，但你可知道相較於「認出一隻貓咪」，圍棋對電腦來說或許未必比較困難？影像辨識的困難首先在於巨量資料。圍棋是一個複雜且多變的競賽，一個棋盤有 19 × 19 個格子，每格共有黑子、白子、無子 3 種可能性，因此棋盤狀態至多有 3^{361} 種可能性，大約等於 2^{572}。但假設一張貓的圖片有 1K 的解析度，也就是有 100 萬格（1000 × 1000 格），而每格有 256 種可能性 (0～255)，這張圖總共就有 $2^{8000000}$ 種可能性。因此理論上一張數位相片的可能性是遠多過一個棋盤狀態的，龐大的資訊量對電腦視覺來說是第一個挑戰。

第二個挑戰在於前面提到的語意鴻溝。亮度是一種很低階的資訊，電腦該如何從中整合出語意的訊息？除此之外，一張圖片中的貓可能會有視角、亮度、姿態等的變異，我們期待無論是正面或背面、白天或晚上、趴伏或跳躍，電腦都可以正確地辨認出貓來。與此同時，貓咪有百百種，電腦必須克服其中的**組內變異 (within-group variation)**；貓也可能這一秒趴在白色的床單上、下一秒就跳到你的筆電上，電腦必須在複雜背景中準確地偵測到貓。

影像辨識是什麼？以貓的辨識為例，就是當我們給予電腦一張圖像，如果有貓它就回答 +1，如果沒貓就回答 –1。傳統的電腦視覺方法通常分成兩個步驟來達成此一目標，分別是**特徵擷取 (feature extraction)** 以及**分類**。簡單來說，就是將輸入影像萃取出高維向量 X，這個 X 我們稱之為貓影像的特徵，

再針對高維向量 X 將輸入影像分為兩類：「有貓」與「沒有貓」。我們先從一個簡化的例子：分辨蘋果和橘子談起。

電腦如何分辨蘋果與橘子？

所謂的特徵，就是「最能幫助我們分辨出目標物的特性」。先不侷限在視覺線索中，如果今天要區分蘋果和橘子，我們可以藉由它們不同的顏色、體積、重量等來判斷。以顏色為例，一般都是測量平均顏色，在這裡就是蘋果影像裡的平均紅色數值。但是要記得，彩色數位影像是由紅、綠、藍三原色疊加起來，因此雖然橘子是橘黃色的，但黃色在電腦裡表現的方式是很高的紅色值加很高的綠色值。所以如果我們只以平均紅色數值來判斷的話，會發現蘋果跟橘子都具有很高的紅色；但如果是用「紅色平均數減掉綠色平均數」之值來判斷，就會發現蘋果很高而橘子很低，兩者的差異也就被凸顯了。所以相較於「紅色」，「紅色減綠色」對於分類橘子與蘋果是更有效的特徵。接下來，假設我們決定以「紅色減掉綠色」和「重量❷」作為特徵來判別蘋果與橘子，那麼就能以「紅色減掉綠色」為縱軸、「重量」為橫軸，並以這兩組數值代表每個個體，將其標示在二維的特徵空間中（圖 5–5）。

---

❷ 重量怎麼以視覺辨認？此處我們在講解「特徵」的概念，不侷限於「視覺特徵」。

▲圖 5-5　可以利用特徵擷取判斷是蘋果還是橘子。

特徵已經決定，再來的「分類」就簡單了，只要將一些已知的蘋果和橘子透過特徵轉換放到這個二維的特徵空間中，在這個空間中找出一條能區分出代表兩種水果之特徵向量的分界線就好了。如此一來，當我有一個未知的水果，只要算出它的「紅色減掉綠色之值」和「重量」，判斷它在分界線的上方還是下方，就能知道它是蘋果還是橘子了。如果我們想以不止兩個特徵來做判斷，那麼就會形成高維向量，分類的步驟會由可訓練分類器執行，這是屬於機器學習的範疇，而電腦視覺的早期研究主要會關注在如何解決第一步「特徵擷取」的問題。

影像辨識的道理簡單，但其中須面對的難題不少。如果今天要分類的不是蘋果跟橘子，而是腳踏車、花豹跟夕陽，科學家該如何選取特徵呢？特徵無窮無盡，有些描述形狀，有些描述顏色，有些則描述紋理。以腳踏車而言，最能辨識的特徵為「形狀」，因為凡是腳踏車即有輪子，但它的顏色和紋理就很多變。但分辨花豹，最好利用「紋理」；分辨夕陽，又最好選擇「顏色」。不同類別通常具有不同的有效特徵，傳統的做法需要科學家以手工特徵擷取針對每一個辨識問題找出最好的特徵，但人類的思緒與計算能力是有限的，因此這些手工擷取的特徵通常不是最有效的，這是電腦視覺早期所面對的主要問題。

人臉偵測

雖然科學家暫時被「腳踏車、花豹跟夕陽」的問題給難倒，但在「人臉偵測」中卻取得了不錯的成績。人臉偵測需要在照片裡標示出所有人臉的位置，這個問題其實比辨識還要更困難一點，因為電腦不只要回答「有沒有人臉」，還要回答在哪裡。但相較於「腳踏車、花豹跟夕陽」，這次我們只需要處理人臉這個單一類別，且人臉具有特定的結構，也有利於電腦進行偵測。

2001 年 AdaBoost 演算法運用**滑動視窗 (sliding windows)** 方法與有效特徵擷取，已可將人臉偵測的正確率提升至 90%。由於人臉偵測比辨識多了一個「位置」的考量，為了將問題簡化，科學家先在圖片左上角框出一個範圍並問「有沒有人臉？」，再稍微移動這個視窗，在每一個位置都重複這個問題，直至視窗掃過整張圖片。如此一來偵測問題就簡化成了辨識問題，而由於人臉群像有大小、遠近、胖瘦等差異，因此也要使用多種大小的視窗來進行掃描辨識。簡而言之，人臉偵測就是利用各種不同大小的視窗，在照片上不同位置辨識有無人臉。

回到了「辨識」，科學家再度面臨老問題——什麼才是最有效的特徵呢？上個小節談到，「特徵擷取」會將圖片轉變為高維向量，「分類」則是在這個高維空間中找到切分 +1（是人臉）與 –1（不是人臉）的最佳切割曲面（以三維為例）。我們期待一個好的特徵能將轉化後的 +1 和 –1 分得愈開愈好；反之不好的特徵轉化後 +1 和 –1 的點就會摻雜在一起，分類器難以找到一個切割面將它們區分出來。

找尋有效的濾波器

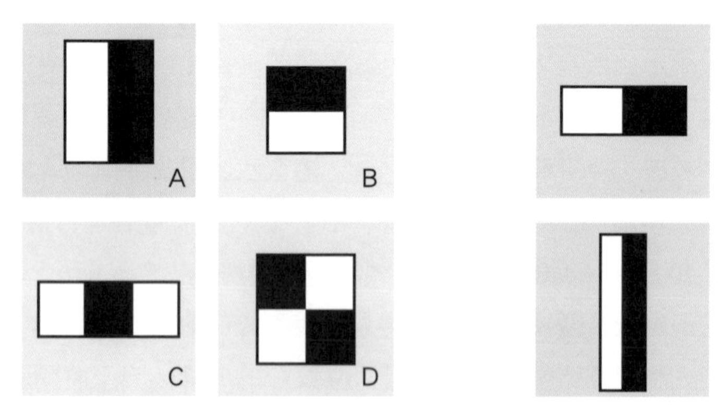

▲圖 5-6　左圖為 A、B、C、D 四類的長方形濾波器；右圖為 A 類濾波器的兩種變形。

然而特徵有千百萬種，為了簡化尋找有效特徵的問題，科學家首先決定只用長方形濾波器進行卷積來擷取人臉的特徵，而且只能從四個類型的長方形濾波器中作選擇。濾波器中的白色表示 +1，黑色表示 –1，灰色表示 0，因此 A 類濾波器的意思就是在影像裡面選一塊區域，把這一塊區域的左半邊的亮度加起來，減掉右半邊的亮度和；B 類濾波器是把下方的亮度總和減掉上方總和；C 類濾波器是把左邊跟右邊加起來減掉中間；D 類濾波器是把對角線相加，再減掉另一個對角線。

如此一來需要搜尋的範圍就大大縮小，但就算只有四種類別的長方形濾波器，每一類都還是有不同位置及大小的變形。以 24 × 24 解析度的人臉影像為例，可以選擇的濾波器型態就會多達 160000 種，想要手動逐一測試是不可能的，因此科學家利用**資料導向 (data-driven)** 的方式，讓電腦由資料中自動尋找最佳特徵，這項技術也為電腦視覺指引出新的方向。

何謂資料導向？就是將答案已知的訓練資料（臉／非臉的圖片）和某個測試中的濾波器進行卷積運算，也就是特徵轉換，每一張影像經過這個濾波器就會得到一個數字（亦即一個一維特徵），所有訓練影像輸出的數字會分布在數線（一維特徵空間）上。我們期待「是臉」的資料跟「不是臉」的資料能被分為兩群（圖 5–7），以此一特定 B 類濾波器的效果而言，它在 8 筆資料中分錯了 2 筆，於是我們就能得到此一特定 B 類濾波器的錯誤率，而判斷訓練資料的錯誤率較低的就是較為有效的特徵。

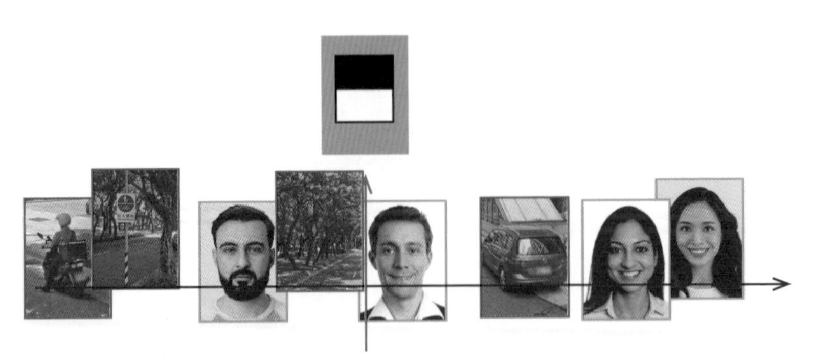

▲圖 5-7　y 軸左邊為「不是臉」；y 軸右邊為「是臉」。

在人臉辨識的例子裡，電腦找到的最佳特徵是一個 B 類濾波器，在影像裡面找一個特定區域，將下面的亮度總和減掉上面的。在圖片中我們能看出它真正的目的是以「眼睛」來判別人臉，眼睛附近區域的下半部通常比上半部來得亮，因此將下面減掉上面的亮度可以得到一個較大的正數。第二名的濾波器是一個 C 類濾波器（將左右加起來減掉中間），原理一樣是用有無眼睛來判斷是不是人臉。

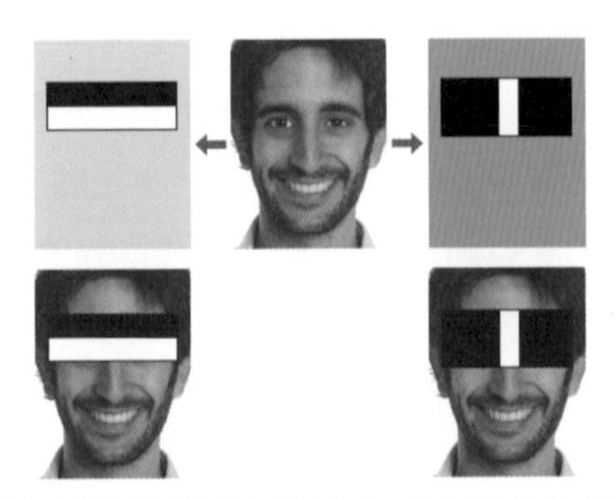

▲圖 5-8　B、C 兩類濾波器依照判斷有無眼睛來進行人臉辨識。

總地來說，影像辨識需要好的特徵以克服語意鴻溝。傳統影像辨識使用人為設計的特徵，具有一定程度的效果但不易找到最佳特徵；人臉偵測則使用資料驅動的方式，方能由資料中自動找出效果最好的特徵。

深度學習與神經網路

深度學習的簡要概念

人工智慧最新一波的發展是深度學習，而深度學習的模型就是多層的神經網路。在人類的神經系統中，有很多互相連結的神經元負責訊號的傳遞，當一個神經元收到足夠強度的訊號時就會被激發，然後傳遞訊號給下一個神經元。出於對人類神經系統的模仿，電腦的神經網路也是以神經元作為基本單位，一個神經元會接收 a_1 到 a_k 共 k 個數字 （這些數字通常來自於上一個神經元的輸出），將輸入的數字進行加權運算並輸出成一個數字。跟卷積的原理一樣，神經網路也是在作加權總和，並會加上一個偏差（bias，簡稱 b）算出數字 z，再將 z 透過激發函數 (activation function) 轉換成最後輸出的 a（圖 5–9）。其中，激發函數通常會作一些非線性的轉換，以避免只用線性函數所帶來的限制。而加權總和會牽涉到權重 (weights)，權重的參數決定了神經元的特性，而這些參數和偏差值最終會由電腦利用資料來自動找出。

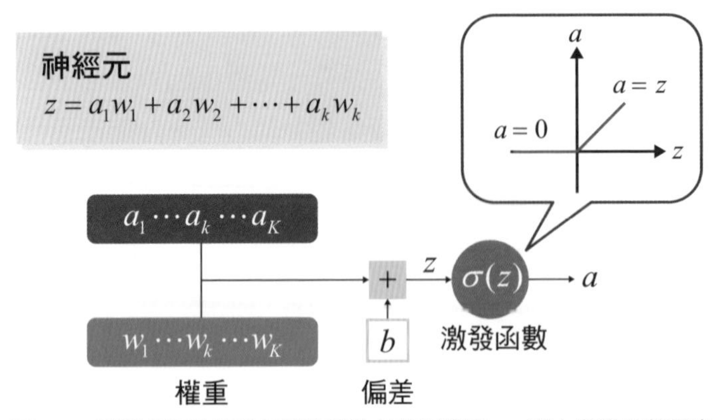

▲圖 5-9　接受多個數字後經過權重及偏差運算出 z，再由激發函數得出 a。

現在我們有了一個神經元，而基本的神經網路就是許多層的神經元以**全連接 (fully connected)** 的方式串連而成。在圖 5-10 中，一個圓圈代表一個神經元，每一層皆包含許多神經元，而相鄰兩層間的任一神經元都會連結到另一層的每一個神經元，稱為全連接。其邏輯是第 1 層所有神經元的輸出都是第 2 層神經元的輸入，再對它們作加權總和、加上一個 bias、透過激發函數變成一個新的輸出，新的輸出又會變成下一層神經元的輸入。因此一個完整的神經網路是由輸入層、輸出層跟中間的隱藏層所組成，而深度學習就是擁有多重隱藏層的神經網路。

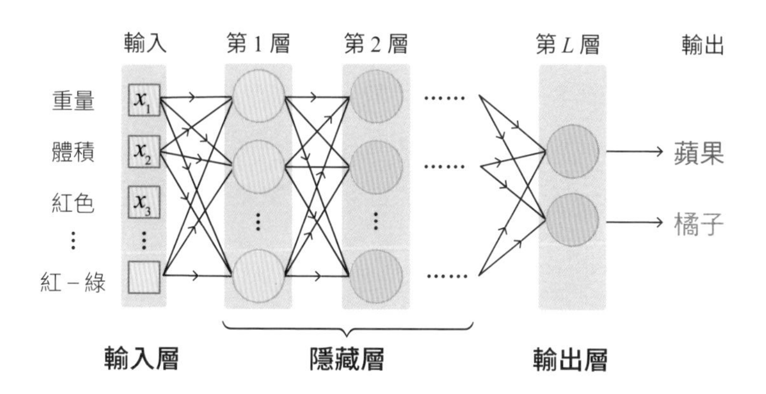

▲圖 5-10　每一層隱藏層的輸出都是下一層資料的輸入。

以蘋果和橘子的辨識為例，在輸出層我們希望有兩個輸出，分別為水果是「蘋果的機率」和「橘子的機率」。如果前者的數值比後者高則判斷為蘋果；反之亦然。而輸入層就是水果的特徵，如重量、體積、紅色值、綠色值、紅色減綠色值等等。然而，接下來的步驟跟傳統電腦視覺不同，科學家不再依靠手工特徵擷取，而是把所有特徵都當作輸入層，讓電腦自動去判斷哪些特徵是好的，給它較高的權重來強調有效的特徵，或是透過輸入特徵間的運算找出更好的特徵，接下來再利用大量資料訓練，找到最好的權重與參數。總地來說，深度學習與神經網路的資料導向、自動性，讓電腦視覺得以跨越看似遙不可及的語意鴻溝。

如今科學家已重振旗鼓要再次挑戰貓的辨識問題。前文談到，解析度 1K 的貓影像就有 100 萬個數字，這 100 萬個數字就是輸入，我們預期將這些數字丟到神經網路中進行許多次加權總和，最後得到的輸出數字如果是正數就是貓，負數就不是貓。聽起來很簡單，但應用在影像資料上時會遇到巨量資料的問題。假設我們在隱藏層中有 100 萬個神經元，若皆以全連接的方式對應到 100 萬個輸入資料，每一個連結都是一個權重，如此一來就會有 10^{12} 個參數，將需要極大量的訓練資料才足以以深度學習方式決定這麼多的參數。

對應巨量資料的解決辦法——卷積神經網路

因應巨量參數的問題，科學家以改良的卷積神經網路處理。它的第一個特點是**區域連結 (local connectivity)**，使隱藏層不用對整張影像作連結，先考慮局部區域就好；第二個特點則是**權重共享 (weight sharing)**，不管對應到的是圖像的哪個位置，卷積神經網路都使用同一組權重參數。如此一來，就相當於在設計一個卷積核心／濾波器／濾鏡，對輸入圖像作卷積／加權總和，經過一層運算後輸出的影像稱為**特徵圖 (feature map)**。一個卷積核心會對應到一個特徵圖，而將許多特徵圖疊在一起當作下一層的輸入，如此重複數層就是卷積神經網路了。

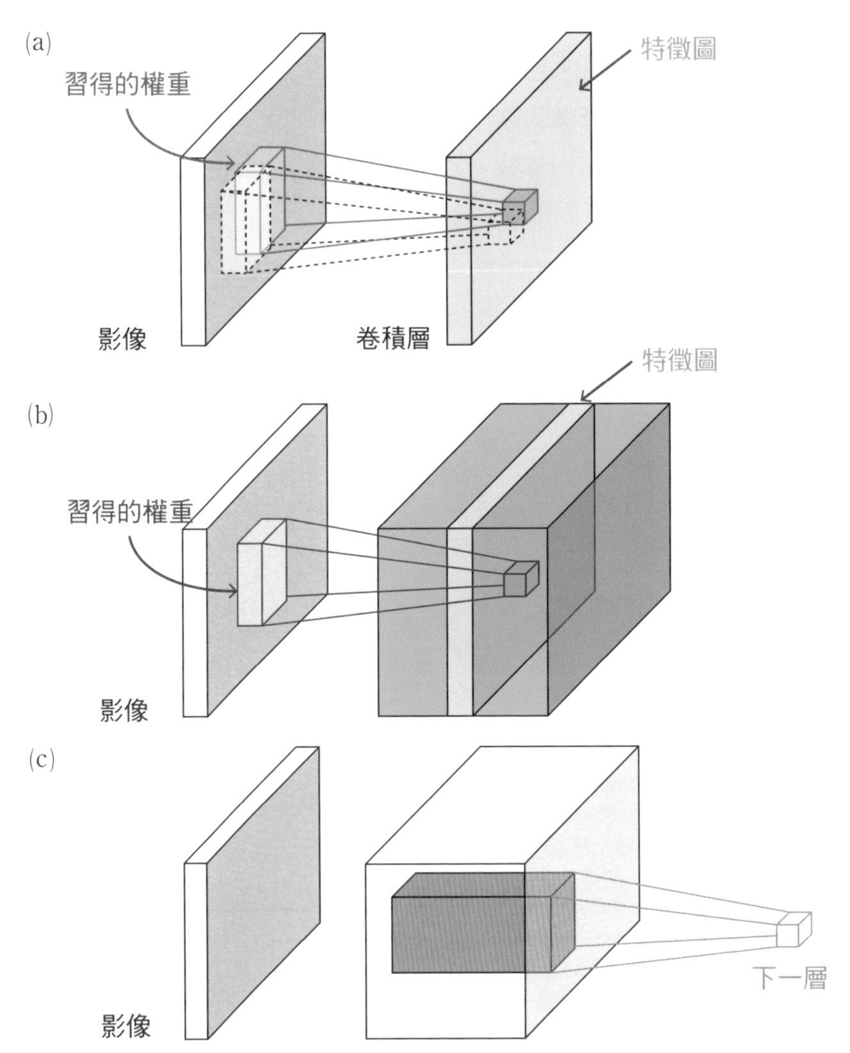

▲圖 5-11　(a) 藉由區域連結與權重共享，卷積神經網路大幅減少參數的數目，一組權重相當於一個濾波器，由影像萃取出一張特徵圖；(b) 在卷積神經網路中，每一層包含數個由電腦自動尋找的濾波器，對影像進行數種卷積，產生數張特徵圖；(c) 而這些特徵圖的疊合即成為下一層神經網路的輸入。

從另一個角度來看，每一個卷積核心就是一個濾波器，可以藉由它萃取出圖像的某一種特徵，例如偵測水平邊緣 (edge)、垂直邊緣或計算平均等等。如果設計了 6 種濾波器，就會得到 6 種特徵圖，將它們堆疊起來當作下一層的輸入，再做一次卷積，又會得到更下一層的輸入，這就是卷積神經網路的基本邏輯。

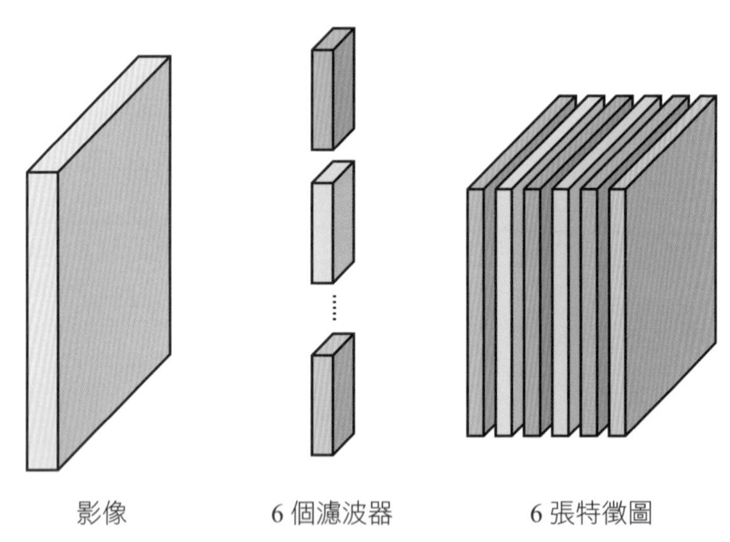

▲圖 5-12　每個顏色代表一種濾波器。6 種濾波器就可以生成 6 種特徵圖。

當然，神經網路除了卷積之外尚有其他操作，但在此先不深探。簡而言之，一個卷積神經網路是透過疊合卷積層、池化層❸ (pooling layer) 跟全連接層，透過把影像一層一層地卷積跟池化，萃取愈來愈高階的特徵。它會漸漸地從低階的線條，整合成中階的元素，再到像是輪胎形狀這種高階特徵，而最後這些特徵讓電腦更能夠回答語意相關的問題。

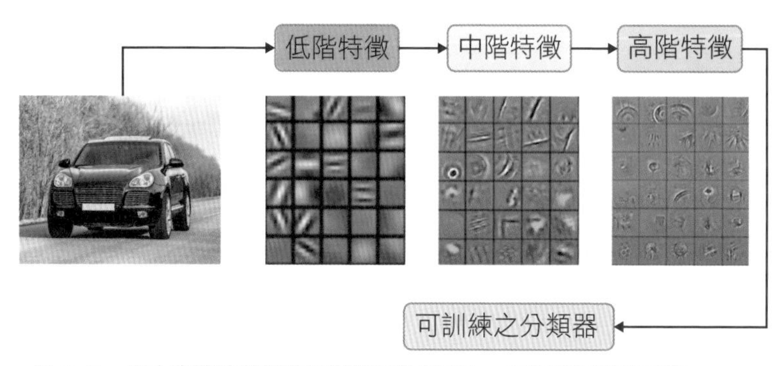

▲圖 5-13　經由卷積神經網路逐漸將特徵明顯化，逐步縮減語意鴻溝。

綜上所述，傳統影像辨識跟深度學習影像辨識之間最大的差異，在於傳統方法使用手工特徵擷取，而深度學習則透過訓練資料讓電腦自動學習特徵擷取，並且把特徵擷取跟分類器整合在一個神經網路之下。所以現在人類只要提供輸入的「圖」跟「答案」，剩下的交給電腦自己去學就行了。

---

❸池化的意思為，將一個區塊的資訊綜整為一個數字，藉以總結資訊，減少資訊量。

透過卷積神經網路一層又一層地萃取出更高階的特徵，電腦得以自己找到最佳特徵，跨越語意鴻溝並回答「Is this a cat?」的問題了。但在人工智慧的近代史中，深度學習是如何和電腦視覺相遇？讓兩者成功結合的關鍵又是什麼呢？

影像分類——AI 在電腦視覺上的革命

卷積神經網路其實早在 1990 年代就已被提出，但直到 2012 年才被發揚光大。楊立昆 (Yann LeCun) 提出的 LeNet 是第一個卷積神經網路的應用，並在無論是手寫還是印刷的數字辨識上達到很好的效果，後來也應用在美國的郵政系統。但近代深度學習開始在電腦視覺學界產生巨大影響的時間點是 2012 年，背後的關鍵原因之一是 ImageNet。**深度學習需要大量的訓練資料**，在 2010 年，普林斯頓大學的李飛飛教授跟他的博士班學生鄧嘉共同建立了一個很大的影像資料庫 **ImageNet**，他們從網路上蒐集了 1400 萬張照片，並利用人工標注出 20000 個類別。為了解決**影像分類 (image classification)** 這個世紀難題，他們提出了一個 ImageNet Challenge，並提供資料庫中的一千個類別共 120 萬張圖片當作訓練影像，邀請全世界的學者一起來挑戰。相較於貓的辨識，影像分類又更困難了，因為貓只是一個類別，但現在需要辨識的類別卻提高到一千個！

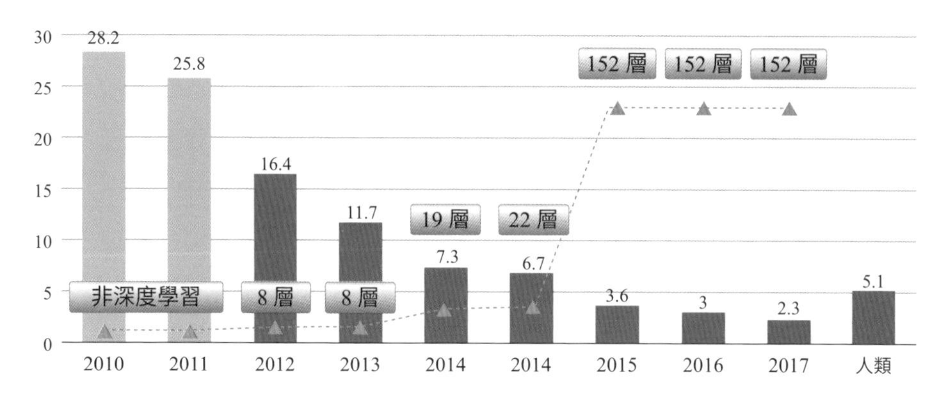

▲圖 5-14 2012 年前未使用深度學習僅能達到 25.8% 的錯誤率；在 2012 年開始使用卷積神經網路快速進步，2015 年更達到了低於人類辨識錯誤率 5.1% 的指標。

ImageNet Challenge 在 2010 年首次舉辦，當時第一名仍有高達 28.2% 的錯誤率，簡單來說，就是在 100 張照片中會分錯 28 張。這個數字在 2011 年時下降到 25.8%，2% 左右似乎是合理的進步；但 2012 年時卻有人達到了 16.4% 的錯誤率，一次推進了將近 10%，其幅度之大，甚至讓有些人懷疑這是作弊的結果。那一年的冠軍是 AlexNet，一個 8 層的卷積神經網路。在此之後，科學家們就注意到了深度學習跟卷積神經網路在電腦視覺領域中的可能性，所以之後所有的影像辨識團隊都改用深度學習來挑戰 ImageNet Challenge。2013 年的錯誤率掉到 11.7%；2014 年使用了 22 層的神經網路，錯誤率再減少到 6.7%；在 2015 年錯誤率更達到了 3.6%，使用的是 152 層的 ResNet。2015 年的 3.6% 錯誤率是一個里程碑，因為在辨識問題中估計人類的錯誤率為 5.1%，換句話說從 2012 年開始，只經過了 3 年的時間，藉由深度學習的技術，電腦就在影像識別的問題上超越了人類。過去讓科學家頭痛了 50 年的電腦視覺暑假作業，終於看見了完成的曙光。

不只是影像辨識，在電腦視覺的其他領域也都陸續採用深度學習，包含了單一或多項物件的辨識、偵測與分割。以**物件偵測 (object detection)** 為例，過去 20 年只做到 40% 的正確率，使用深度學習方法之後，3 年內正確率已提升到 80%。在應用層面也有 YOLO❹這個程式可以對影片中的物件作即時 (real time) 偵測，無論是人、汽車、摩托車它都可以辨識出來。在**個體切割 (instance segmentation)** 的問題上，以 Facebook 的程式庫為例，已經可以把不同類別的物件邊緣都標示到一定的程度。此外深度學習也可應用在**姿態估計 (pose estimation)** 上，透過電腦將圖片中人物的關節都標示出來，可用作動態捕捉 (motion capture) 技術。最後還有人臉／物件影像生成技術，電腦甚至能在影像生成上通過圖靈測試，你根本分辨不出哪些影像是電腦創造的！

電腦視覺的應用和侷限——以自動車與無人商店為例

這波電腦視覺革命性的轉變引起了產業上極大的關注，依據 2018 年《北京人工智慧產業發展白皮書》，中國人工智慧類

---

❹You only look once 的縮寫。是一種利用卷積神經網路做出的物件偵測演算法。

別的創業公司中，數量前三名為電腦視覺、智慧型機器人與自然語言處理；投資融資額度前三名則為電腦視覺、自然語言處理和自動駕駛，兩者皆以電腦視覺為榜首。以「曠視」跟「商湯」 兩家發展電腦視覺的公司為例， 他們分別獲得 4.6 億跟 6 億美金的挹注，公司的估值也分別高達 20 億跟 30 億美金。而在人臉辨識技術上，中國更因其公安需求投資了大量資源在相關技術研發與學術研究，雖然帶來了極大的成功，但是也因為可能侵犯隱私而引起許多爭議，人工智慧的倫理議題未來也將是使用人工智慧技術需要面對的挑戰。

電腦視覺成為業界的新寵，而其中備受期待的無非是**自動駕駛汽車（self-driving car，以下簡稱自動車）**的無人駕駛技術。除了節省人類駕駛的時間之外，自動車可以提供更好的安全性。如果自動車可以確保安全距離，前車與後車之間距離就可以大幅縮短；自動車也不會有酒駕問題，將排除掉很多人為疏失；而若自動車可以被設計成絕對不會撞到人，我們也不再需要等紅綠燈、遵守最高限速，將大幅地節省交通的時間，同時也可以大幅縮減馬路面積，將空間還給人類跟自然。

然而，除了無人駕駛的技術問題之外，自動車還面臨著法律與道德的難題。人類的法律經常要求技術的可解釋性，例如若要將深度學習應用在信用卡公司時，金管會會要求信用卡公司列出明確的額度規則，科學家不能說「把這個人的年紀、性別、收入丟到人工智慧程式以後，電腦告訴我應該核發給他 15

萬。」目前深度學習技術沒有很好的可解釋性，因此不符合法律要求，這是第一個困難。

另一個就是道德難題。2016 年 MIT 架設了一個**道德機器 (moral machine)** 的網站，搜集人類駕車時面對各種道德難題的抉擇，並根據網站搜集到的資料在 2018 年發表了一篇論文登在《自然》(*Nature*) 期刊上。進入網站，按下開始測試，你將面臨到以下情境：「你正在開一輛車，卻發現剎車故障了，所以你只能選擇繼續前進或是轉彎。如果你繼續前進，你可能會撞死斑馬線上的 1 個老人、1 個小孩跟 1 個女人；如果你轉彎的話，你會撞上安全島，害死車上的 5 個乘客，這時候你會選擇繼續前進還是轉彎？」網站會給予各式不同的情境設定，在不同情境中會有不同的角色，你可能會在「兩個嚼著檳榔闖紅燈的男生」跟「一個帶著小孩的媽媽」之間抉擇，依據不同地域的使用者對於不同設定做出的決定，科學家於是能夠瞭解此類道德選擇上的文化差異。

當我們在考汽車駕照時，主考官不會問這樣的兩難問題，因為人在面對危急情形時通常都是依靠反射動作，檢視人類危急時刻的思考邏輯意義不大。但自動車不一樣，只要演算法被寫下來，它每次的選擇就是固定的。因此，這些人類很難給出統一回答的兩難問題，自動車會有一致的答案，問題是我們期待自動車給出何種答案？身為買家，你會去買一臺在遇到危急狀況時會開向安全島殺死車內乘客的自動車嗎？又或是會買一臺會直衝向抱著小孩的媽媽的自動車嗎？或許都不會吧！有趣的是，在道德問題上我們似乎對自動車比對人類還要嚴格，因此自動車的道德問題如今還無解。

除了自動車，電腦視覺另一個備受矚目的應用就是**無人商店 (unmanned store)**。走進位於西雅圖的 Amazon Go，你只需要在入口時拿起手機掃描一下，便可進去隨意拿取你想購買的商品，無須經過惱人的排隊、結帳、找零，直接走出大門時這些款項就會自動從帳戶被扣除。無人商店節省掉了許多人力資源，天花板上、角落裡許多的感應器 (sensor) 可以判斷跟計算你買了多少東西，但以目前的技術而言，無人商店所需的建置成本可能並不比人力成本低。

雖然人工智慧的應用有它硬體上的限制，但我們可以思考的是：人工智慧將如何改變人類的生活？如果電腦可以取代收銀櫃檯，我們就不用再讓某些人犧牲自己的身體健康來值大夜班，讓這些人能去做更適合人類做的工作。如果長照機構設置了可以預防及判斷老人跌倒的人工智慧機器，就可以節省很多護理人員的工作，但這樣的結果是不是代表護理人員就失業了呢？對此問題，長照機構的看法卻很樂觀，他們認為如果電腦取代了護理人員部分的工作，他們就能花更多心力關懷與陪伴老人，提供更有溫度的服務。綜觀歷史的發展，科技的演變不斷地淘汰各種行業，但人類社會也並沒有因此遭遇重大危機；相反地，當重複性的工作可以被機器、電腦所取代，人類便能更有餘裕去從事更多創造性的事務，這是我們應該期待人工智慧帶給人類社會的轉變。

人工智慧的成果與前景

從 1966 年以降，經過了五十幾年的發展，電腦視覺克服了一層又一層的困難，在各行各業開始找到它發展的天地，但這代表人類將進入一個人工智慧的美麗新世界了嗎？或許不然。依照微軟亞洲研究院洪小文院長對於人類智慧層次的分級：最底層是計算和記憶，依序往上則是感知、認知、創造力與智慧。電腦的計算與記憶能力在 40 年前就已經勝過人類，而當前這波的人工智慧革命則是感知層次的超越。但更高層次的認知、創造力與智慧，以目前的深度學習技術仍無法企及。

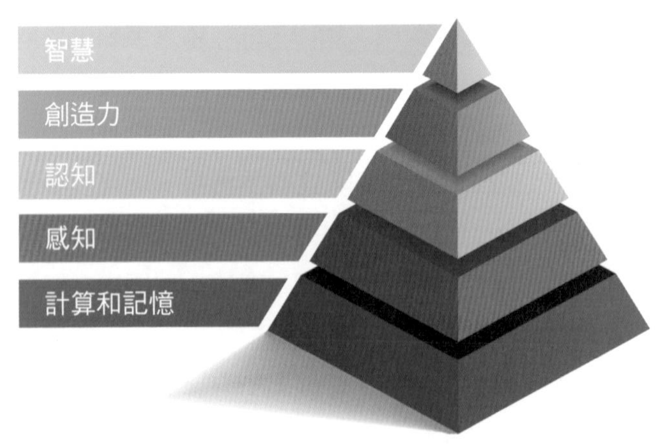

▲圖 5-15　電腦各項能力的分級。

舉例來說，當我們震驚於 IBM 的人工智慧機器 Watson 在美國綜藝節目《危險邊緣》上勝過其他人類參賽者的優異表現時，我們其實不知道 Watson 如果參加小學六年級的考試會一敗塗地。為什麼會有這樣的差異呢？因為 Watson 只要具備一定的理解能力加上快速的搜尋功能，就能準確地回答節目中的問題；但若要回答小學六年級的考卷，卻要具備種種理解、推廣、演繹的認知功能。深度學習利用的是大量訓練資料與資料間的相關性，因此我們很難用這個方法讓它「看懂」圖表並利用裡面的資訊「進行推論」。

另一個關於人工智慧的前景與限制的例子是 Google 相簿的影像拼接功能。曾幾何時 Google 內建了這樣一種佛性的服務，有時你將幾張相片傳到相簿內，會發現 Google 自動幫你拼接好了！之所以說是佛性的服務，是因為你找不到這個「拼接」的按鈕，要「有緣」Google 才會幫你拼。有一次，一個美國網友將他去滑雪的 3 張相片上傳到 Google 相簿，過一陣子後發現 Google 的人工智慧小精靈已經幫他拼好如（圖 5-16）。客觀來說，這張照片的拼接技術極好，找不到任何接縫，但從語意的角度來看，所有人都能看出它缺少了對於「人」與「景」的認知。

▲圖 5-16　Google 相簿提供的佛性拼接服務。

這是人工智慧聰明與不聰明的地方，我們的科幻電影最愛問「人工智慧是否會威脅人類生存」，但對於現在的人工智慧而言，離消滅人類的「想法」還遠得很呢！

CHAPTER 6

用人工智慧解答法律問題

講師、彙整／臺灣師範大學東亞學系副教授　邵軒磊

法律裁判的本質

人類是具有自由意志的個體，個體們群聚生活時會有光明面的互助合作，也有陰暗面的相互傷害；可能更為複雜的情形在於，即使心存良善，每個個體對於「合作或傷害」的認知不完全一樣。此時，「紛爭」似乎無法避免。紛爭會帶來物種的生存危機，在人類演化的過程中，能比較快速訂定規範，減少紛爭的群體，比較有大可能可以適應群居生活，也較有可能抵抗氣候、疾病、飢荒甚至是其他物種的襲擊。換言之，較有智慧訂定規範的人類群體能夠演化、生存下來，就是一般所認知的「文明」。所以「文明」的意義在創造某些規範用以保護個體成長，這些「規範」，可能體現為典範禁忌、社會規範、道德共識，構成了**秩序 (order)** 的雛形。但由於人類的自由意志，每個個體對秩序有不同理解或是因為偶然的衝突摩擦，就會產生「失序」行為。長遠來看，維持秩序與挑戰秩序的行為會不斷交錯，構成人類文明演變的動力。

在對秩序的需要之外，人類會試圖建立各種知識來描述秩序。較為原始的社會使用神話歌謠，更進一步會使用宗教規範，在人類文明足夠建立國家之後， 體現為社群共同遵守的**法律 (law)**。法律也有各種形式，較為初期的形式是基於統治者的意志，或是基於「古老」的習慣，在二戰後民主共和的觀念成為政治學主流之後，主要就是由國會經由立法程序表現出來這個社群的共同意志。即使有些研究中指出，可能有若干其他物種擁有「智慧」甚至有「類似家庭或社會組織」，但人類卻是獨一無二能發展出如此複雜的社會秩序建構的物種。換言之，如同亞里斯多德稱呼人類是「有政治行為的動物」，「法律」可說是人類智慧與文明的精華結晶。

結合上述兩者，我們認識到「人類群聚時紛爭無法避免」及「處理紛爭需要使用法律」兩個前提，更進一步來看**裁判 (judge)** 就是體現法律存在的試金石。裁判大致分為兩個階段：

1. 認定事實適用法律。任務存於釐清事實以及將抽象規範與事實的合致能力，這同時是現在司法學所主要研究的對象。
2. 裁判者需要有保證裁判結果能夠執行的能力。這種能力可以理解為司法體系強制執行的力量，因為無法被執行的裁判結果，往往會失去其可靠性。長久下來，「被裁判者」或許就會對這個機制產生疏離感，或是尋求另一種裁判方式，這會減弱社群存續的動力。

裁判者要保證裁判能夠被履行，當然可能使用最原始的武力。但直接使用武力的成本太大，另一方面也必須包括使人信服的能力，政治學上稱為正當性。我們可借用德國學者韋伯 (Max Weber) 的權威觀念，稱為司法的**權威性 (authority)**。司法的權威性在現代多由國家作為最後擔保，由國家機關負責強制執行。國家的權威性能用三個方向來說明：權威可能來自於古老傳統（老規矩）、可能來自於領袖人物（來自某位有力人士的裁決)、可能來自於理性（用學術理論推導說明)。司法有沒有權威，很大程度可以直接從民眾是否信任司法中看出來。就臺灣社會的狀況來看，一般民眾堅決地拒絕接受裁判結果，以實際行動直接挑戰國家權威的案例，算是相當少的；不過臺灣人民對於司法系統卻是有若干疑問，甚至有民眾感覺「司法不公正」❶。

回到主題，上述的思考脈絡中指出，司法體系要與當時的社會環境相互適應，從而取得說服力，也才有權威。在宗教成為主流社會意識的文明中，裁判必須借用宗教權威，司法系統之成員往往都必須有理解、詮釋教義的能力，也就是宗教素養；當理性法學成為主流時，裁判就必須借用法學理論，司法系統的成員就必須擁有專業法學素養，這些人在現在成為特殊法律從業人員群體的來源，我們稱為律師、司法官、檢察官等等。不同的文明常常處於不同的時間向度，也可能有「混合」的狀態；但在現代性 (modernity) 興起成為現代國家建立的基本思想，專業法學以及使用這些特殊語彙知識的「群體」成為現代法學的主流典範。近年，在二戰後**大眾民主 (popular democracy/mass democracy)** 之觀念逐漸進入政治場域，「說服大眾」成為現代政治活動的主要任務，同時，這也影響了整個司法體系的自我認識，「裁判」本身也必須要具有說服大眾，甚至被大眾接受的「需求」。前述的「司法認知調查」，就

❶司法院 (2019)，〈108 年一般民眾對司法認知調查〉，司法院網站，https://www.judicial.gov.tw。

是處於大眾民主語境下的作為。在之前的階段，裁判曾經有向「神」負責的時期，也有向「正義」或是向「真實」負責，在未來，很有可能必須向「大眾」負責。

這就是臺灣司法系統現在的狀況，我們可以說人類智慧所製造的規範構成了「法秩序」，而因為社會需求構成了大眾認識法秩序的方式，這兩者的動態協調過程構成了司法體系的轉變動力。就如同現代法學理論取代宗教法典一樣，未來的法學理論必然存在現代科技的影響。那麼，現在正流行的「人工智慧」科技既然已經滲透進人類社會，甚至在某些領域成為「權威」，如現在各種棋藝中，人類智慧都已經普遍性不敵人工智慧。未來人工智慧能不能影響司法，甚至人工智慧能不能「解決法律問題」？在以下的篇幅中，筆者將介紹幾個從事過的研究，以及在此一領域所發表的相關論文，用以詮釋人工智慧怎麼解決法律問題❷。

人工智慧與法律資料分析

人工智慧即使用人工方式創造「智慧」，其中，機器學習是當前此一領域使用的主要技術之一。機器學習，乃期望機器能

---

❷本文論點多來自與臺灣大學法律學院「法律資料分析研究室」合作專案，特此誌謝主持人黃詩淳教授以及參與專案之老師、學生、同仁、以及諸位先進。本文若干段落建立在參考資料中的學術論著之上，改寫增補而成本文。

自動「調整參數」並改善其表現的電腦演算法。具體而言，藉由巨量數據的蒐集、模式分析、訓練機器逐漸修正並尋找其中的規則，而不需要（或幾乎不需要）人類預先設定預設規則。所謂機器能夠「學習」，是一種比喻的說法，並非意味著電腦能夠活生生「知書達禮」如人類的認知系統；「學習」一詞較像是從功能的角度而言，因為電腦能夠從演算法中「調整」因素權重提升「準確率」，像是「知錯能改」，所以我們說電腦會「學習」。

尤其近年來深度學習技術的發展，結合大數據，除了在原先之資訊工程之外，已逐漸延伸至其他領域，如圍棋(AlphaGo)、地圖導航系統、貨品分類機器人、無人機無人車、防毒軟體等領域應用。舉例言之，電子郵件軟體常設有自動偵測垃圾郵件的程式，即採用機器學習演算法。首先，先由人類提供機器一些被標示為垃圾信件的郵件來訓練機器，機器會嘗試辨別出具有何種特徵的郵件容易被歸為垃圾信件，亦發現某種「規律」。機器便使用這樣的判斷法則，來判斷新的郵件是否為垃圾信件。機器學習演算法能從大量的資訊中，偵測其共通的規則，作出上述的推論。因此，可供學習的資料量愈多，機器學習演算法的表現就愈好。這部分人工智慧的方便性，已經進入大家日常生活之中。

因此，筆者也嘗試將這些技術使用在法律問題之上。在此一階段，筆者使用**法律資料分析 (legal analytics)** 來描述這個做法，因為如同前節「法律裁判的本質」中所描述，裁判（尤其對象是人類時）必須立基於某種權威性智慧，目前人工智慧具有各種本體論、倫理學甚至人工智慧本身就可能成為法律紛爭的來源，所以貿然聲稱「人工智慧能裁判」，是有可能引發爭議的。不過若是說法律資料分析能幫助法律場域的決策，這就比較容易在情理上被接受，而且其實這也已經正在進行了。如我們使用 Lex Machina 公司為例，他們使用了數千個專利訴訟並用於預測該領域訴訟之結果，目前則擴大至公平交易、商務、著作權、勞工、保險、產品責任、證券、商標、營業祕密等各種訴訟類型，將相關資料與分析結果出售給使用者。另外，Bloomberg 公司的**訴訟分析系統 (litigation analytics)**，則提供了公司、法律事務所、法官在訴訟事件相關的統計資訊，並提供訴訟策略之建議。

尤其是以往當人們欲獲得律師、公司、法官、當事人之相關資訊時，可能必須倚賴個人實際經驗或口耳相傳，但這些資料很可能僅來自於少數樣本，而無法提供正確的全體圖像。尤其個人的聽聞往往會放大異乎常情的特殊狀況，這些「記憶」雖然對某些當事人而言特別深刻，但可能並非普遍、客觀的情狀。相較之下，若能使用公開、大量的資料，機器學習演算法可能找出人類所未發現的資訊間關聯。例如，機器可能發現，在侵權行為事件中，若造成人身損害的被告是醫院的話，相較於其他種類的被告，有較高的和解率。總之，在人類的直覺與經驗之外，機器學習的分析結果能夠提供讀者參考與審酌的依據，並標示出可能被人類忽略但卻重要的因素。

那麼，我們來思考一個具體的情境，「人工智慧能否判斷離婚後孩子歸誰？」這個命題要滿足兩個要件：

1 使用機器學習（深度學習）建立模型。

2 能有實際用途，也就是能判對。

案例一：機器使用深度學習判斷離婚後子女親權❸

我們在這一階段，使用了以 2012 年至 2014 年期間，地方法院關於父母離婚後未成年子女親權酌定的 448 件結果為「單獨親權」的裁判為基礎，由於有時裁判中的未成年子女多於 1 位，故共有 690 位子女。先給大家一個描述，以 2014 年為例，在法院裁判中有將近六成左右的事件由母親取得單獨親權，判給父親約為四成，共同親權之比例極小 (4.92%)。

法官可能考慮的變項，包括「法定要項」民法第 1055 條之 1 列出的事項，以及在「法學理論」中，學者所發現的可能考量因素。這包括：子女排行、子女人數、子女性別、子女年齡、子女意願、子女與其他共同生活之人感情、父母健康、父母品行、父母經濟、父母教育程度、父母意願、父母不當行為、父母撫育時間、父母撫育環境、友善父母、父母主要照顧者、父母瞭解子女程度、父母照顧計畫、親子互動、照顧現狀、支持

❸更多詳情，請參考黃詩淳、邵軒磊，〈運用機器學習預測法院裁判——法資訊學之實踐〉，《月旦法學》，270 期，2017/11，頁 86～96。

系統、社工及其他專業報告。我們也考慮到由於同一個案中可能有複數子女之情形，各該子女的性別、意願、與其他共同生活之人感情、主要照顧者、與父母互動、子女現狀、父母對該子女保護教養的意願、父母瞭解該子女的程度等，雖說是同一家庭，兄弟姊妹之間可能仍有差異。若以裁判為基礎來編碼，無法反映上述「同一案件中不同子女的差異」狀況，故本次的專案係以 690 位子女為基礎。

類神經網路是一種模仿生物神經網路的結構和功能的計算模型，和其他機器學習方法一樣，神經網路已經被用於解決各種各樣的問題。原則上類神經網路模型使用輸入層、一到多個隱藏層、最後產生輸出層（其預測結果），其結構如圖 6–1 所示。如果有很多層，我們就稱之為「深度學習」。

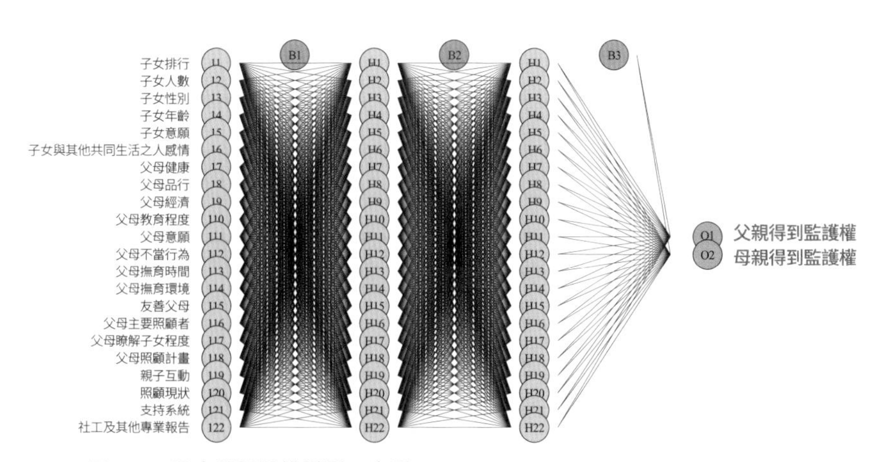

▲圖 6-1 深度學習親權模型示意圖。

我們以亂數抽選總資料集的樣本中之 80% （約 552 個樣本）作為訓練組 (training dataset)，用以訓練模型，再將剩餘樣本作為測試組 (test dataset)，製作機器學習模型，並輸出成果。將上述「子女排行、子女人數、子女性別、子女年齡、子女意願、子女與其他共同生活之人感情、父母健康、父母品行、父母經濟、父母教育程度、父母意願、父母不當行為、父母撫育時間、父母撫育環境、友善父母、父母主要照顧者、父母瞭解子女程度、父母照顧計畫、親子互動、照顧現狀、支持系統、社工及其他專業報告」編碼、直接放進去做成全連接神經網路的機器學習模型。

那麼，吾人應當如何判斷此模型是否合用？最直覺的方式就是看模型預測結果是否符合正確解答（實際值，即真實世界中法官的判斷）。因此，本文將機器學習運算預測之結果，與既有的法官裁判結果作對照，製作**混淆矩陣 (confusion matrix)**。混淆矩陣是對**監督式學習 (supervised learning)** 分類算法評估其準確率的工具。藉由將模型預測的數據與驗證數據進行對比，使用準確率、召回率、精確率等指標，對模型的分類效果進行度量，以方便不同技術或系統之間的成效比較。

選擇分類矩陣時所建立的圖表，會比較每個預測狀態的預測值與實際值。矩陣的資料列代表模型的預測值，而資料行則代表實際值。「準確率」(accuracy) 表示系統正確判斷，因此最為直觀，首先吾人先檢視 552 個樣本的訓練組之「準確率」，就是機器判斷「判父／判母」與人類判斷一致的數量。

本研究所建立的模型其中一次訓練的結果如下表 6–1。

表 6–1　訓練組預測之結果

混淆矩陣		機器判斷	
		判　母	判　父
真實狀態	判　母	438	5
	判　父	2	107

本模型的訓練準確率，為 98.73%。再以此模型對設定之測試組（即剩下的 138 個樣本）進行測試，在測試時，機器必須在不知正解（實際值）的情況下判斷親權歸屬於父或母，接著我們也以混淆矩陣檢視「測試組」檢測模型的準確率，如表 6–2 所示。

表 6–2　測試組預測之結果

混淆矩陣		機器預測成果	
		判　母	判　父
真實判決狀態	判　母	110	1
	判　父	1	26

因此由計算得知，本次測試組的準確率為 98.55%。除去數值佐證之外，我們也隨機以肉眼檢視裁判結果，大致合乎預期，這也大大增加我們的信心。可以說，因為機器能夠判決「如同法

官」，這個模型的「思考方式」可以非常接近於法官在思考親權判決的「思維」。如果讀者能夠接受 AlphaGo 是一個「能下棋的智慧」，那也可能接受這是一個「能做人工親權判決的智慧」。在這案例中，可說有一個法學上的突破，就是我們使用資料科學的歸納法、實證分析、數據驅動 (data driven)，證明了不同當事人、不同法官的大量複數裁判是有規律的，這個規律可以使用數學描述，甚至可以被計算。這相對於傳統法學的觀念論演繹法，在我們的研究突破中，可以證明法律案件中的數學可能性。我們在這一步做到讓機器能夠正確評估「裁判」的判決傾向。然而，類神經網路的高效計算能力的代價，是捨棄了其間相關細節，人們還是期望人工智慧模型更進一步告訴我們法律判決的理由。

案例二：機器告訴我們裁判的理由❹

除了判對之外，法學者或在實務上當事人更會問的問題就是「為什麼這樣判？」對於親權，常常坊間有一些說法。比如說「幼年從母、年長從父」，或是「判給有錢的那邊」，或是「判給無過失者」等等說法。這些說法有可能有若干道理，也可能適用在某些案例中，但少有對這些原則的大規模檢驗；或是兩

---

❹更多詳情，請參考黃詩淳、邵軒磊，〈酌定子女親權之重要因素：以決策樹方法分析相關裁判〉，《臺大法學論叢》，47 卷 1 期，2018/03，頁 299 ~ 344。

邊相同（同樣有過失或無過失）時怎麼辦，或是這些原因的「誰更優先性」（一方有過失但經濟能力較好）等等。於是，這些原則可能延伸出另一些問題。

我們在這裡介紹**決策樹**研究方法，在資訊系統已經發展多年，可視為迴歸分析的擴充，能夠有效率地從大量資料中，提取諸多變項中之關鍵因素以及找尋因素間之關聯性。在商學研究的經驗中，其模型之預測能力已然備受肯定，1980 年代美國曾有人使用「決策樹研究方法」來協助律師評估提出訴訟的成功率或風險。決策樹演算法是一種分類和迴歸演算法，可用於離散和連續屬性的預測模型。針對各種需求，此演算法依據資料集內的輸入資料行之間的關聯性來產生預測。例如，在預測哪些客戶可能購買腳踏車的狀況中，如果 10 個年輕客戶當中有 9 個購買腳踏車，但 10 個年紀較大的客戶當中只有 2 個人這麼做，則演算法會推斷「年齡」是決定「是否購買腳踏車」的原因。

我們把前述案例的數值放入，也來看看這些是否能夠適用在親權裁判中。我們發現，法官於親權酌定時最主要的考量為主要照顧者，其次則為子女意願或父母與子女之互動，其餘因素則較不顯著。請參考下頁圖 6–2：

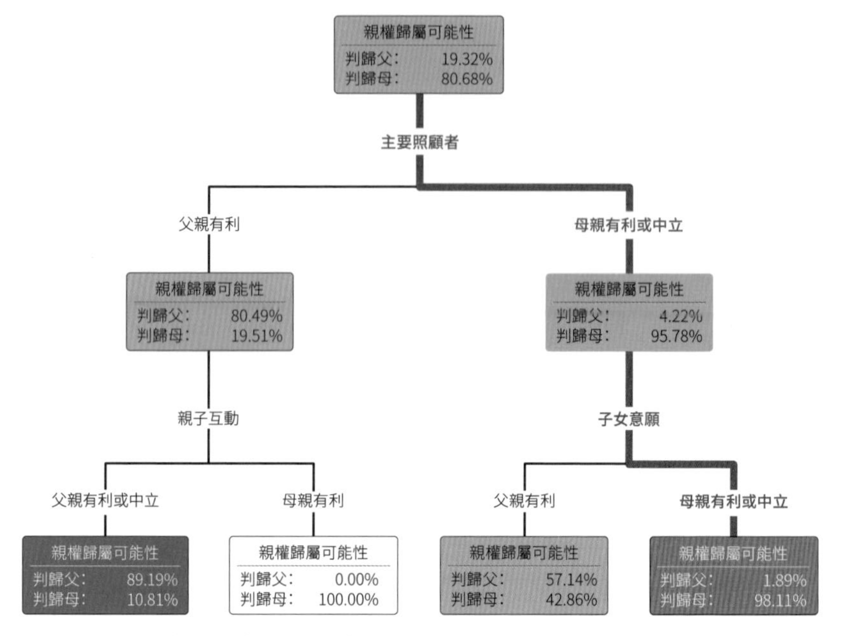

▲圖 6-2　親權裁判結果之決策樹。

上圖的自變項（因素）：子女主要照顧者、子女意願、親子互動。依變項（裁判結果）：判子女歸父或歸母。方塊顏色愈深者，表示此種結果占全體之比率愈高；反之，方塊顏色愈淺者，表示此種結果占全體之比率愈低。使用前述混淆矩陣的觀念來看，本模型的驗證準確率大約可達 95.17%。

這個專案發現在多數的因素中，「子女主要照顧者」、「子女意願」、「親子互動」3 項因素具有最主要影響。這意味著，即使在個別案例中，法官可能會審酌同性原則（傾向將子女的親權歸給同性別之父母)、年齡原則(幼子從母),或一般人民可能最在意的「父母經濟地位」(以為法官會將子女親權歸於父母中較有經濟地位者);但絕大部分的裁判,皆以「子女主要照顧者」、「子女意願」、「親子互動」為主要考量,且有顯著優先順序。

總體而言,在本次的研究中,立基於前述法律資料分析的正當性,我們成功做到歸納出**法律推論 (legal reasoning)** 的探索:具體而言就是知道哪些裁判因素更「重要」。這裡說的「重要」,不是道德意義上之「重要/不重要」,民法第 1055 條之 1 的每個因素在哲學或法學意義上,都是重要的。本文是就數學意義上,如果必須將法條所舉出之審酌因素給予優先順序的話,是有如此結果。換言之,我們不能否認某因素在單獨特定的個案中,可能成為該裁判上的關鍵,但不能反過來宣稱該因素是全體裁判的「關鍵」;同樣地,本文提出之「主要照顧者、子女意願、親子互動」,建立了有九成以上準確率的預測模型。

我們的研究修正某些對於司法判決之刻板印象,例如坊間常有人認為父母之中經濟弱勢方較難獲得親權(即經濟狀況將影響親權歸屬)。此研究成果,可供當事人參考,例如「經濟狀況」並非近年法官在裁判時所考量的重點,從而夫妻離婚後,一方若欲爭取子女之親權,實毋庸因自己的經濟狀況不佳而卻步。只要平常好好照顧小孩並讓小孩能夠感受你的愛,方為爭取親權正途。

而且我們能在原先多達22項的決策因素中，指出最有影響效果的前幾項。這樣可能大幅減少裁判所要思考的變項數量，雙方也能就「重點」來討論。當然，法官還是可能仔細審酌其他要因，當事人也有權利舉證自己其他的優勢項目，不過總體而言，還是這3項較為重要。因此，這能作為一種應優先考量哪個法律要素的論據。

在這個做法中，我們犧牲了些許的準確性作為代價，能得知「多數裁判」的重要性因素，接下來，我們能不能探索每個個案的重要性因素？

案例三：機器來判斷每個單一個案的重要因素❺

我們不只能做到知道總體樣態，更進一步能關注每個個案。所有的大數據、大規模的研究，也終究要落實到每個細節的個別差異，甚至關心他們。所以，我們在上面的突破之後，更進一步想知道「在每個個案」中，這些變項發生了什麼影響法官的裁判作用？從而，在親權議題上，當事人可能要怎麼爭取？

我們使用了「梯度提升法」能從單一模型中計算複數的決策樹，並將每一個決策樹疊加起來的結果作為最後檢定成果，而回推出某種分類能否增加「模型的準確率」。不斷反覆演算的

---

❺更多詳情，請參考黃詩淳、邵軒磊，〈人工智慧與法律資料分析之方法與應用：以單獨親權酌定裁判的預測模型為例〉，《臺大法學論叢》，48卷4期，2019.12，頁2023～2073。

過程中，若某些樹不能「增加」模型準確率，就會停止運算，發展另外的決策樹。也由於這個模型計算出複數的決策樹，因此在所有的因素中，能計算出每個節點的「資訊增益」（gain，所有變項之總和為 1），也就是我們稱的「重要性」。換言之，愈常在反覆運算的決策樹中所出現的節點，對於總體模型的貢獻就愈大。

使用上述資料集，我們得到了準確率 95.7% 的模型。同時，我們能列出每一個因素的資訊增益值，如下表 6–3（節錄至前十名）：

表 6–3　各因素資訊增益值

重要性排名	特徵值	資訊增益 (gain)
1	主要照顧者	0.356183
2	子女意願	0.266604
3	親子互動	0.151624
4	社工及其他報告	0.066636
5	支持系統	0.035976
6	父母品行問題	0.021785
7	父母不當行為	0.014299
8	父母經濟	0.013897
9	子女人數	0.013205
10	父母撫育環境	0.012956

更進一步，我們能畫出每個個案的圖像。在進行預測時，可讓機器生成每一筆資料的**瀑布圖 (waterfall graph)**，如下圖 6–3、圖 6–4、圖 6–5。瀑布圖的 *x* 軸標示出各個**特徵值 (feature)**，以及父或母何人在該特徵值表現較佳（白底為父親有利紅底為母親有利）。*y* 軸表示了在負值（母親獲得親權）至正值（父親獲得親權）中間，父母的得分狀態。初始值為 0，最終得分若小於 0，則機器判斷該件由母親取得親權；若最終得分大於 0，則機器判斷該件由父親取得親權❻。圖中的紅底圖塊表示該特徵值母親表現較佳，白色圖塊表示該特徵值父親表現較佳，圖塊的長短即代表該特徵值有利的「程度」（分數）。若某個特徵值母親表現較佳，則目標值將往下（負的方向）移動，表示母親獲得了若干分數。最後的結果在最右方的**預測值 (prediction)** 一欄，如前述，在 0 之下判斷為母親獲勝，在 0 之上判斷父親獲勝。比如說：

有某件實際發生過的民事判決，原告為母親，被告為父親。法官指出（螢光處為筆者所加）：

> 審酌前揭訪視報告意見，認原告於經濟能力、親子關係及親職能力等方面均具單獨照護未成年子女之條件，且其本身亦有監護之強烈意願。又未成年子女〇〇〇自幼之日常生活起居及學習均由原告照顧，長期

---

❻y 軸的間隔並非等比例。

以來原告為子女之主要照顧者，對於子女之瞭解與需求自較被告熟悉，原告與子女間情感依附關係緊密，互動關係良好，如驟然變動子女生活環境，恐使子女之身心無從於穩定之環境中成長發展。至被告雖亦有經濟能力撫育子女，惟其照顧未成年子女日常生活之能力上有疑慮，且其情緒控制能力亦尚待加強，較之原告殊難期待其能善盡監護子女之責。此外，〇〇〇於社工訪視及本院審理時均表明與原告共同生活之意願，其意願亦應予以適度尊重。綜上，本院認對於〇〇〇權利義務之行使或負擔由原告單獨任之。

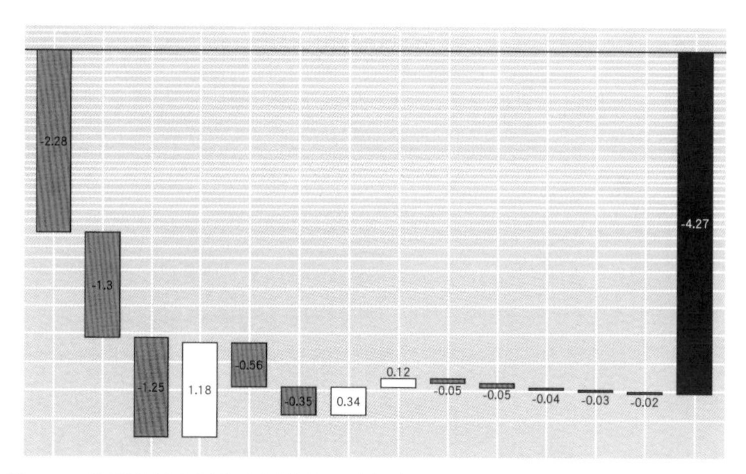

▲圖 6-3　母親顯然有利的案例之各因素瀑布圖。

亦即法官明確認定了母親（原告）是主要照顧者、母親與子女間互動良好、子女意願偏母親的狀態。這個描述與我們的模型圖像、預測結果都高度合致。

其次，圖 6–4 呈現一個父親勝訴的案例。此例中，父親在社工報告、主要照顧者、親子互動此 3 項比重較重的因素，以及其他比重較輕的因素（品行、經濟狀況、支持系統）占優勢。因此，機器預測為父親有高度可能性取得親權（數值為正值），而實際上的案例結果也是如此。

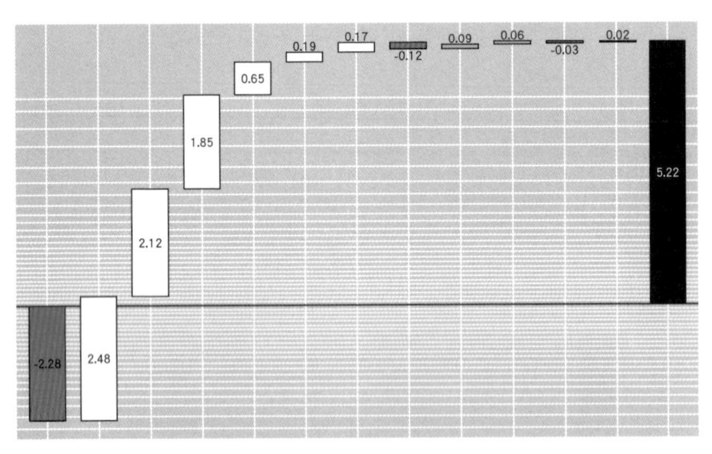

▲圖 6-4　父親顯然有利的案例之各因素瀑布圖。

最後一種類型的案例，因為父母雙方各有「優勢」，我們稱為比較「模糊」的案例。

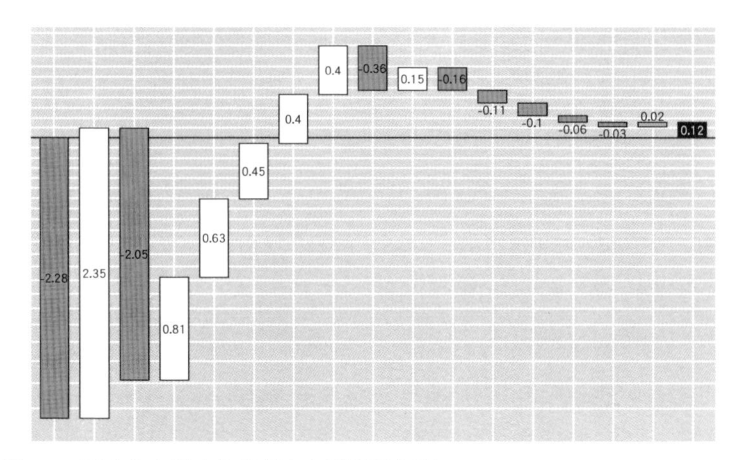

▲圖 6-5　兩方各有理由的案例之各因素瀑布圖。

如前所述，從雙方各有擅長，父親是主要照顧者、經濟較母親稍微優渥，子女目前與父親同居，但父親曾有對母親家暴的前例；社工報告則對母親之親職能力給予正面評價；而其他特徵值則多半父母表現不分軒輊。因此在最後親權歸屬的結果預測上，不同於前揭圖 6–3 及圖 6–4 與原點差距甚大，本例圖 6–5 顯示機器預測值僅在 0 的上方一點點，可見雙方頗為勢均力敵。由於預測值微高於 0，機器推測親權歸屬父親，而實際裁判結果亦是如此。

此案例顯示，在雙方各自擁有某些優勢因素時，確實會產生類似思考拉鋸戰的局面；不過由於法官最重視主要照顧者，最後還是由擔任主要照顧者之父親取得親權，而這樣的思考過程，如實地反映在梯度提升法繪製的瀑布圖中。也就是說，梯度提升法所建立的模型，更能夠精確描述法官心中的思考過程，模型不僅在父與母實力懸殊的情況（圖 6–3 及圖 6–4）能夠進行預測，即使在父與母條件看似不相上下的狀況，仍能準確判斷親權歸屬之結果。我們能細緻地計算出了每個因素的重要性，因此父或母不是取得愈多因素的優勢愈好，而是在重要的因素取得優勢者，較可能獲得親權。

我們在此一專案中，首先是更確認了前述案例的因素順序，更有信心主張有些因素確實較多影響裁判結果。而且，我們更落實了「關懷個案」的需求，我們可以更細緻地分析每一個個案，在這些案例中，當事人「不足之處」在哪裡？當事人要「做什麼」可以幫助自己增加更多爭取的可能性？優勢項目又有哪些？用數據方法可以對當事人做出更細緻的建議，這就是「人工智慧解答法律問題」的答案，已經有若干方法與研究成果證明了這些。

人工智慧直接理解裁判文書的前景

在上述的幾個案例中，筆者探討了機器學習等法律資料科學技術，在分析法院裁判時可能帶來之益處，並實踐比較不同的機器學習演算法分析親權酌定裁判的結果與意義。在「預測裁判結果、總體裁判要因分布、個案裁判因素權重」幾項任務之中，在法律推論的任務上都已經有相當作為，初步地探索了人工智慧解答法律問題之可能性。

總體而言，在上述階段，我們需要人工閱讀作為基礎，亦即將資料集中的訓練組之各個法院裁判，依照專家設定的特徵值，由人工予以標記。其次，機器再依據此些已標記過的資料，進行運算，找出最合適的模型。我們更進一步期望讓機器直接從原始的判決原文來「學習」，而能不再使用人工標記過的資料，使用**文字探勘 (text mining)** 資料處理、自然語言處理等技術，簡化甚至省卻人類編碼的流程，此舉將能節省許多勞動時間，能較快進入之後的訓練與預測。這就是人工智慧理解語意，甚至是理解人類高度文明化之後的裁判文書的研究嘗試。目前我們使用了前述資料集中的裁判「文書」共 448 件，使用自動分詞與前述深度學習網路來做，得到了約八成 (79.05%) 的準確率以及近九成的 F1 分數❼(0.879)。這增強我們的信心，能感受到人工智慧閱讀裁判文書並非夢想❽。

科技進步使得未來社會型態改變，人們對政治權威與司法信賴的型態也在轉變，這是當前司法體系面臨的課題。除了「方便」、「快速」之外，新科技也將為司法體系帶來更多想像空間。特別在人工智慧這個議題之上，這除了實用層次之外，也關係

---

❼F1 分數可以看作是模型準確率和召回率的一種加權平均，它的最大值是 1，最小值是 0，值愈大意味著模型愈好。

❽更多詳情，請參考黃詩淳、邵軒磊，〈以人工智慧讀取親權酌定裁判文本：自然語言與文字探勘之實踐〉，《臺大法學論叢》，49 卷 1 期，2020/03，頁 195 ~ 224。

著人類對於「文明」的想像，甚至是「人類自我認同」的理解；有些論點還在討論與進行中，其中有些不易有答案。

因此，近年筆者主要的努力方向，是找到人工智慧能夠幫助人類的項目，以及人工智慧用來解決以前認為「不可解」的問題，如現今諸多「法律問題」需要更多訴諸普遍大眾之理性理解，而科技人工智慧也是目前對建構大眾理性產生了巨大影響，我們日常生活愈來愈依賴人工智慧；同時因為全方面的滲透，我們也愈來愈少懷疑各種演算法「替你」做的選擇（比如說推薦系統)。筆者期望上述項目能使大眾更多瞭解人工智慧的運作原理，也藉此能著實地幫助人類社會。

AI 嘉年華

CHAPTER 7

機器如何聽懂我們說的話？

講師／臺灣大學電機工程學系副教授　李宏毅
彙整／蘇建翰

你有使用過手機的語音助理服務嗎?只要輕鬆地動動嘴巴,就能讓手機言聽計從,完成我們交付的任務。這個「出一張嘴」的過程之所以能夠順利進行,背後得牽涉到許多語音處理和自然語言處理的技術。本章將會說明如何才能讓機器聽懂人說話,一探背後工程的奧祕之處。

機器是怎麼聽懂人說話的?

要讓機器聽懂人說的話,首先我們需要讓機器可以把聽到的一段聲音訊號變成文字, 也就是所謂的**語音辨識 (speech recognition)**。有了這些由聲音訊號辨識出來的文字不代表機器就已經理解了,對於機器來說這些文字就像是一個沒有學過的語言,還需要透過學習才能夠理解文字的內容。

人類的文字世界是由一個個詞彙組成的,這個事實體現在許多人開始學習英文或其他非母語語言的時候,大概都免不了的那段背單字過程;機器的學習也和我們一樣,是從詞彙的理解開始。在過去,我們需要像字典一樣,逐一告訴機器詞彙對應的意義;現在基本上不再需要進行這項繁瑣的工作,只要利用**詞彙嵌入 (word embedding)** 的技術,機器就可以在閱讀大量文本之後,將詞彙轉換成機器可以處理的向量,甚至利用向量推論出不同詞彙之間的關係。

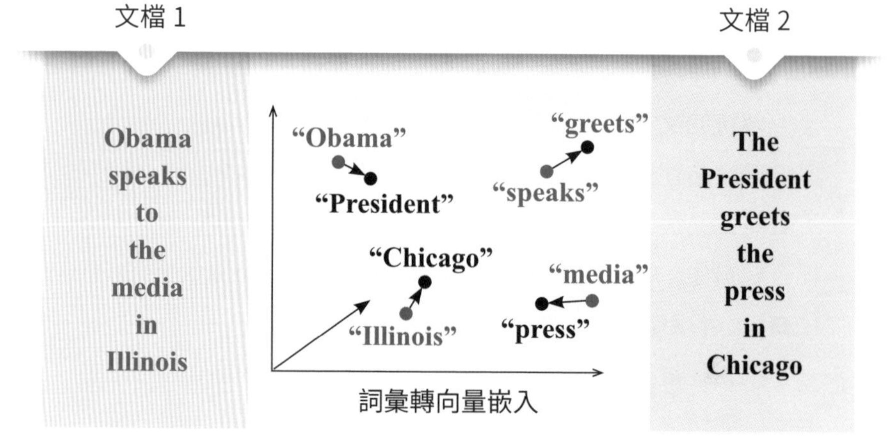

▲圖 7-1　詞彙嵌入可以根據訓練文本將詞彙轉成具有遠近關係的向量表達。

舉例來說，機器在閱讀新聞時看到「馬英九在 520 宣誓就職」和「蔡英文在 520 宣誓就職」這兩個條目，雖然沒有人告訴過機器「馬英九」與「蔡英文」是什麼意思，但是機器能以此推論出這兩個詞彙在某種程度上是相關的；又比如「貓」與「狗」在各類文章中出現的位置關聯比較相近，和「花草樹木」的位置關聯則較遠，機器可能會推論出「貓狗」是一類（動物）、「花草樹木」是另外一類（植物）。如果我們讓機器「讀」愈多的書，機器就愈能推敲不同詞彙之間的遠近關係，猜出它們代表的意思。

跟著鄉民去湊熱鬧

傳統的文本內容有文法及結構，在學習上比較有跡可循；而網路用語往往讓人丈二金剛摸不著頭腦，不僅內容隨著時間千變萬化又包含著各種縮寫，詞彙的意義也和該網路社群的文化有關。因此，機器是否能夠理解網路用語並當一個合格的「鄉民❶」，可以作為衡量機器學習能力的指標。

批踢踢實業坊（簡稱批踢踢、PTT）的八卦版是國內知名的網路論壇之一，在經過八卦版 3 個月份量的文章洗禮之後，機器儼然已經脫離了「新警察❷」的角色。比如常見的用語「好棒棒」和「好棒」看似差不多，但其實在批踢踢用語裡是恰恰相反的兩個詞彙。經過訓練之後，當機器被問到「好棒棒」的相似詞為何時，已經能給出「阿不就好棒棒」、「好清高」及「好高尚」等等的答案，從這個結果我們就可以知道，機器是真的理解這個詞彙的用法，能夠發現「好棒棒」在其表面的詞意以外，其實具有反諷的意涵。

有了這個功能之後，我們就可以利用機器去理解一些我們本來不熟悉的網路用語。比如說，「本魯」這個詞是批踢踢使用者在張貼文章、發表言論時，常使用的謙稱，日常生活中幾乎沒有機會使用到，因此非論壇使用者通常對這個詞比較不熟悉。

---

❶泛稱批踢踢的使用者。

❷批踢踢對不熟悉論壇文化的新手使用者之代稱。

透過詢問訓練完成的機器「本魯」的相近用詞是什麼，我們可以得到「小弟」、「魯妹」、「魯弟」及「魯蛇小弟」等答案，據此我們就能對「本魯」的意義有所理解。

有了這樣子的技術之後，機器在詞彙理解之外，也能去進行一些較高層次的簡單推理，例如「A 之於 B 等於 C 之於什麼？」這類推論。比如說，當被問到「魯夫之於《海賊王》等於鳴人之於什麼？」機器可以推論出答案是《火影忍者》，這種角色和作品的對應關係；對於「魯蛇之於 loser 等於溫拿之於什麼？」機器可以推論出答案是「winner」，這種語言轉換的對應關係；對於「研究生之於期刊等於漫畫家之於什麼？」機器可以推論出答案是《少年 Jump》，這種特定領域知識和發表平臺的對應關係。

讓機器懂你的心

擁有理解不同詞彙意義的能力之後，接下來我們很自然地會希望機器能理解整個句子的內容。怎麼樣去衡量機器是否能夠達到這個任務呢？第一步，要交付給機器的任務就是**情緒分析 (sentiment analysis)**，機器必須要能夠分析語句的情緒，判斷內容的情緒是「正面的」還是「負面的」。這件事情可以透過**遞迴神經網路**模型的訓練來達成，比如說：

- 「AI is powerful, but it’s hard to learn.」
- 「AI is hard to learn, but it’s powerful.」
- 「AI is powerful, even though it’s hard to learn.」

這幾個句子的結構幾乎相同，只有調動詞語的順序，或者字詞上的輕微差別；但是經過訓練的機器可以判斷出這些句子的情緒分別是「負面的」、「正面的」、「正面的」。這個功能雖然只有簡單的在「正面」、「負面」兩種選擇之間進行判斷，卻可以發展出生活化且相當實用的應用，比如說：現在網路上的評價制度在使用者的評價以外還須附上分數；如果是遊記、食記等心得體驗文則以文章形式呈現。這類觸及廣大讀者卻不受統一評分制度限制的內容，也應當是業者需要蒐集來作為改進參考的意見。當機器能夠判斷情緒，在未來我們就可以應用到市場的調查上，去分析這一類的文章。

托福 (TOEFL) 是許多學子出國留學之前要經過的關卡之一。如果讓機器考考看托福的聽力測驗，機器能否順利通過考驗呢？在這個任務之中，機器必須聽懂一段聲音訊號的內容、看懂問題和選項，最後結合聽力和閱讀的理解去選出答案，因此必須能夠運用前述的各項能力。當然，就如同我們考試之前會去刷一下考古題，此機器學習的材料就是歷年托福的聽力考題。目前的成果可以達成五成以上的正確率，跟瞎猜或者是「選最長的選項」等，各種同學間私下流傳的答題技巧的結果比起來可說是好上許多；雖然還不是很完美，但可以讓人知道，機器已經能夠初步理解整段文字的內涵了。

機器創作家

除了能讓機器理解句子的內容，更進一步地，我們會希望機器也能嘗試創作，自己寫出文句。我們已經知道機器能夠分辨句子的「正負面」，利用生成對抗網路 (GAN) 的模型來進行訓練，機器便能進一步學以致用，可以做到「正面」、「負面」之間文字風格轉換的工作，在實際的操作中，機器已經可以將「I miss you」轉換成「I love you」、將「I can't do that」轉換成「I can do that」，以及將「sorry for doing such a horrible thing」轉換成「thanks for doing a great thing」，初步符合我們的要求。

在這個創作的過程中，也可以讓人一窺機器的想法，稍稍揭開「機器學習究竟在學什麼」的那層神祕面紗。比如說，機器認為「我都想去上班了，真夠賤的！」的對應風格為「我都想去睡了，真帥的！」機器認為「上班」的相反就是「去睡」，這點的確有些像部分人們的想法；另外，機器認為「胃疼，沒睡醒，各種不舒服」的相反是「生日快樂，睡醒，超級舒服」、「我肚子痛得厲害」的相反是「我生日快樂厲害」，顯然機器認為「生日快樂」的相反和「肚子不舒服」有關，這個想法或許有些在意料之外，但卻是機器從我們交付的材料中學習而來的有趣觀點。

阿笠博士的變聲器

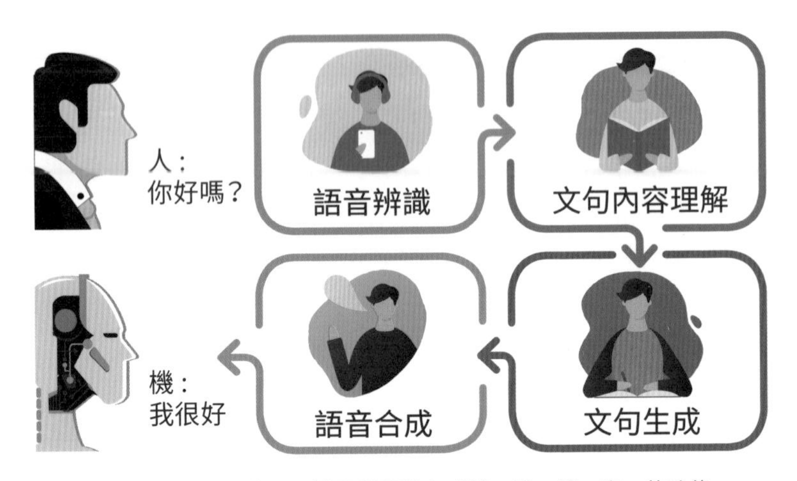

▲圖 7-2　語音助理的實現，機器得要擁有「聽、說、讀、寫」的功能。

到目前為止，機器已經能「聽」——將聲音訊號轉換成文字、「讀」——理解文句的內容、「寫」——自己創作文字。要對語言掌握得足夠透徹，我們還需要機器能「說」，將我們輸入的一段文字，轉換成對應的聲音訊號，這需要使用到的便是語音合成的技術，這個技術應用在日常生活中的代表就是 Google 小姐以及 Siri，對不少人來說是再熟悉不過了。

單純地發出聲音以外，我們還希望機器能夠做**語者轉換 (voice conversion)** 的工作，也就是模仿某個人的聲音說話，這個技術對許多人來說也很熟悉，打從 1990 年代《名偵探柯南》問世開始，我們就知道阿笠博士發明的蝴蝶結變聲器已經相當成功地完成這個任務。細說從頭，在以往要能成功做到語者轉換，比如說讓 A 模仿 B 說話，你需要蒐集**成對資料 (paired data)**，也就是先邀請到 A、B 本人大駕光臨，分別去錄製他們對特定文句的聲音訊號進行配對，錄製千百個常用的語句，是個相當耗時費工的前置工作。接著再用蒐集來的成對資料拿去當作機器學習的訓練資料，機器才能學會如何做語者轉換。

這過往的方式雖然可行，卻容易卡在資料蒐集的關卡，想要廣泛地實行有相當的困難。比如說，如果想要把自己的聲音轉換成某明星的聲音，以日本女星新垣結衣作為例子，我們就需要請新垣結衣跟我們念一樣的句子來製作成對資料。那麼首先，得要邀請到新垣結衣，假使真的邀請來了，也會遇上她不一定會說中文，導致無法蒐集資料的困難。前面提過的 GAN 技術，就可以拿來應用在這種資料不全的窘境。要利用 GAN 把 A 的聲音轉換成 B 的聲音，只需要分別去蒐集一堆 A 講過的話和 B 講過的話即可，不再需要一模一樣完全對應的句子，內容也不需要是相同語言，機器就能學習如何完成語者轉換的工作。

回顧語音辨識

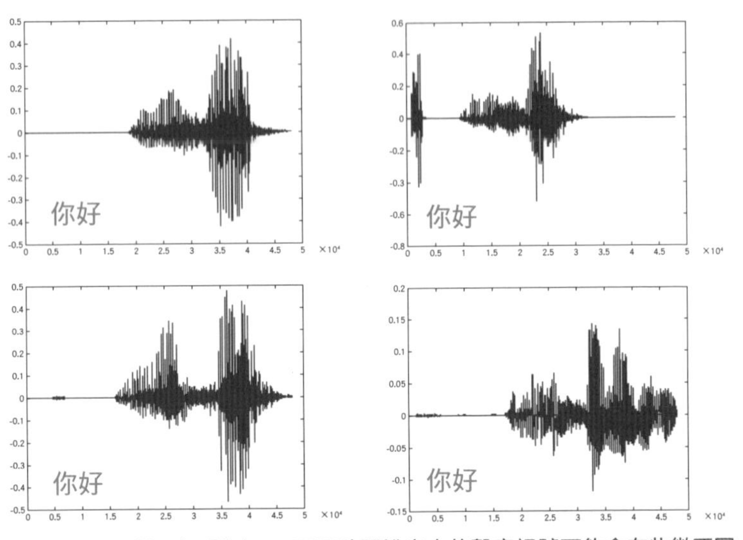

▲圖 7-3　同樣一個「你好」，不同時間說出來的聲音訊號可能會有些微不同。

雖然現在語音辨識的技術已經相對成熟，常見於各種應用，似乎已經不再困擾工程師們，不過如果仔細思考，仍然會令人訝異這些技術所面對的是個多麼複雜的問題。困難的部分，比如說，就算是同一個人說同一個詞彙，每次的聲音訊號也並不會完全相同，人的耳朵有某種機制可以無視這些不同；但機器對於聲音訊號是照單全收的，所以如何在這些有些微不同的訊號之下仍辨識出同一個正確的結果便是挑戰之一，更遑論語者的人數以及詞彙量提高之後的複雜程度。可以想見，對一個從來沒有學習過的機器來說，語音辨識並不是一個容易的問題。

一般要利用、進行語音辨識這項工作，首先要蒐集大量的聲音訊號，並且告訴機器「每一段聲音訊號對應的文字是什麼」，有了這些訓練資料之後，再通過類神經網路加以訓練，機器就能學會語音辨識。這個技術已經有相當不錯的表現，包含Microsoft及IBM等公司，都宣稱說他們開發的機器已經可以達到幾乎和人類一樣的正確率。除了單純的語音辨識問題，機器還能處理難度更高一些的問題。譬如聲音訊號裡可能同時有兩個人在說話的聲音，這類透過人耳難以去聽辨的問題，機器也有可能將兩個人的聲音訊號分離，並分別進行語音辨識。

你的語言主流嗎？

在錯誤率逐漸降低的今天，除了追求好還要更好的表現以外，語音辨識下一步的發展機會在哪裡呢？在目前的成功以外，語音辨識還有更遠大的目標等著實現。世界上的語言種類繁多、詞彙句法千變萬化，今天我們擁有良好的英文語音辨識，也擁有不錯的中文語音辨識，但對於世界上非主流的語言來說，多數的語言其實沒有很好的語音辨識系統。這乍聽之下或許令人疑惑，難道語音辨識的技術還有分語言嗎？其實不是這樣的。正如前述所言，利用今天機器學習的技術，機器其實是可以自己學習語音辨識的，癥結的地方在於機器的「教材」，也就是語音訊號和對應文字等，這類機器學習所需要的訓練資料。

訓練資料的數量及品質，對於機器學習的結果有相當大的影響，數量愈多、品質愈好，語音辨識的準確度就愈有望增加，因此蒐集資料雖然看似只是前置工作，卻是萬萬不可輕忽的一部分。對於中、英、西文這類主流且有大量使用人口的語言來說，蒐集資料是相對容易的，在網路上就能輕鬆地找到不少有標註文字的聲音檔；相對地，對於較小眾的語言來說，資料蒐集就困難許多，即使錄製了聲音檔想要人工標註，也不一定能找到相應的語言人才，光是前置工作的資料蒐集就耗時費力，是件辛苦的差事。想要知道自己使用的語言是不是主流嗎？這個問題或許在現階段，從手機能不能良好地辨識你的聲音，就能稍稍窺見。

回到原點：人類如何學會說話

在世界上的七千多種語言中，大部分都是小眾、區域性的語言，如何盡可能地為這些語言也打造優良的語音辨識系統，便利使用者的生活呢？為了解決這個難題，研究人員將目光從機器轉移到自己身上，思考從呱呱落地的那一刻起，只會哇哇大哭的嬰兒究竟是如何學會語言的。在有記憶以前，我們學習語言的方式，並不是像前述機器學習一樣，抱著充滿聲音訊號和對應文字的「辭海」學習。大人雖然偶爾會拿些玩具或者圖片告訴嬰兒那是什麼，但大多數的時候，嬰兒其實就是躺在一旁，聽著大人們的對話。耳濡目染之下，久而久之就對語言熟悉起來，在很自然的情況下學會「語音辨識」。

如果人類如此，有沒有可能讓機器就像小嬰兒一樣學習語言呢？只給機器大量的聲音訊號，這些聲音訊號不僅沒有文字標註，我們也不告訴機器這些訊號對應的文字是什麼。在資料沒有給予太多指導的情況下，它自己就透過聽一大堆的對話錄音，以及不相干的大量文章，像是破解密碼一樣，找出聲音和文字之間的對應關係，學習出一套新的語言辨識系統，這是有可能辦到的嗎？

在前面提過，機器學習的表現仰賴資料的質與量，而現在我們竟然想要透過互不相干的聲音和文字，來製作出一套好的語音辨識系統？這個點子聽起來有些瘋狂，乍看之下似乎難以實行，不過這並不會減損研究人員的動力，相關的研究已經展開。GAN 技術在這邊也幫上忙，讓機器去學習辨認語句中的音素 (phoneme)。目前已經可以把正確率提升至六成左右，雖然還有許多的改進空間，不過如果這是一份滿分為 100 分的試卷，機器已經低空飛過了及格線，展現出自學語言的潛力。

展望未來：語音辨識的理想境界

在《星際大戰》裡，有一高一矮的兩個機器人，其中高個子的那位叫作 C-3PO，據說它會辨識銀河系內 600 萬種不同的種族語言。有一天 C-3PO 它降落在一個新的星球上，那裡的人們使用伊沃克語 (Ewok) 進行溝通，C-3PO 從未去過那裡，也沒有聽過那種語言，但是它聽了一下人們的對話之後，它就能聽懂伊沃克語了！而這件事情，對於閱讀至此的大家，肯定也會猜測這背後很可能有用到機器學習相關的技術。

在未來，隨著人工智慧的成熟，或許我們也能打造出像C-3PO一樣的機器，能辨識、保存處理各地的語言，讓不同語言之間的交流再也沒有障礙，那就是語音辨識的技術想要達到的理想境界。

AI 嘉年華

CHAPTER 8

大數據中的小世界——連結你我的社群網路

講師／成功大學數據科學研究所副教授　李政德
彙整／楊于葳

全球資訊網的誕生，讓我們與世界更緊密地連結在一起，現在更是進化到與我們的日常生活密不可分的地步。我們每天使用的網際網路都可被看成是一個**點 (node)**，而網際網路中的每一個點即等於一個網頁，如果網頁與網頁之間有超連結的話，那我們就可以建立一條**邊 (edge)**，確立兩者的關係。無論是平時生活使用的搜尋平臺：Google、Yahoo，社群平臺：Facebook、Twitter，影音平臺：YouTube、Netflix，通訊平臺：Messenger、Line 等，都具有超連結來聯繫不同的頁面。無形中這項科技的應用，已經慢慢地「滲透」進我們的生活當中，當這個關係趨向複雜化且應用得宜，對未來絕對具有一定的前瞻性，甚至能經由精密的計算，幫助我們挑選出「最佳的選擇」。

這些網路的應用方式與涉及層面日益增加，能夠更進階地應用，甚至有能力讓我們知道電影界演員之間的合作關係，例如某位明星的拍片規律；或是找出專家學者們在學術論文上引用數據的關聯性；讓我們知道某種疾病可能潛在罹病的患者；網購時能讓系統得知消費者的購物喜好，進而推薦購買物；判斷網路媒體爭相傳閱的新聞報導是否屬於「假新聞」；找出最能接觸大眾的新興行銷方式；或者是協助警方偵查辦案；對恐怖分子進行異常行為偵測，阻止犯罪擴大等，都是 AI 應用在社群網路上能夠帶給我們的便捷途徑。

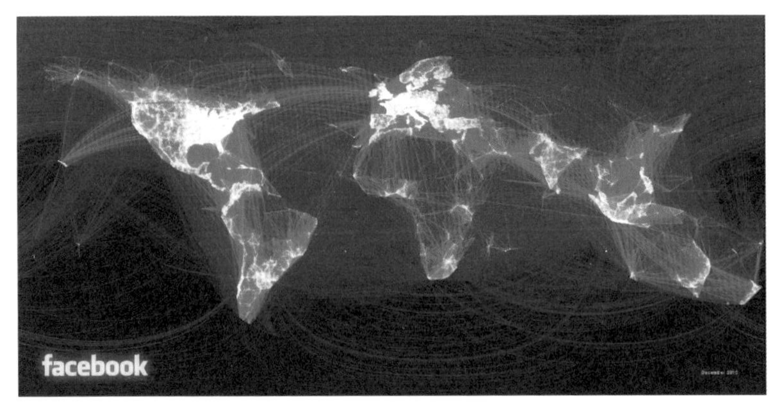

▲圖 8-1　臉書人際關係網路。

從點到點的關係——網際網路是怎麼一回事？

在網路❶(network) 中，幾乎能將任何事物之間的關係比擬成「點」與「邊」。以部落格來說，如果我們把每一個部落格視為是「一個點」，部落格與部落格之間如果有文章引用關係的話，我們就可以建立「一條邊」，如此即可形成一個「部落格文章引用網路」。同理，論文也可以獨立形成一個網路。如果我們把每篇論文都視為「點」，論文與論文之間也有引用關係，我們就會得到關係鏈的「邊」，形成「論文引用關係網路」，從而進一步探討關係網路中，哪些領域是研究人員經常合作的領域，哪些領域的互動關係可能是較為低落的。

---

❶只要能建立點與點的連結，就稱為網路，並不單指平常上網時使用的「網際網路」——全球資訊網。

AI 的存在能有效幫助我們釐清各種繁瑣的秩序問題，從研究的角度來看，假設我們把每一個人都設定成一個「點」，把人與人之間的各種關係視為「邊」，那麼真實世界的網路經過視覺化呈現後，就會宛如人類大腦裡錯綜複雜的神經元，而神經元彼此之間連結時所構成的圖像，看似一團混亂的網路，實際上存在著某種規律與秩序，透過 AI 及大數據的應用，幫助我們揭開神祕的面紗。

人與人之間的距離有多遠？六度分離的世界

根據 1967 年的研究報告顯示，平均只要 6 步，就能與世界上任意一位陌生人建立關係。美國社會心理學家米爾格蘭 (Stanley Milgram)，利用實體信件遞交的方式，從美國內布拉斯加州的奧馬哈，到美國麻薩諸塞州的首府波士頓，進行一場有趣的遠距離**六度分離 (six degrees of separation) 實驗**，又稱**小世界 (small-world) 實驗**，試圖探討人與人之間的距離關係。

實驗結果如圖 8–2 所示，圖上顯示，在總共 296 名實驗參與者中，共 64 人成功完成此實驗，且成功者多透過 4 到 6 步的人際關係，將信件順利遞交給目標。圖 8–2 下則圖示說明所謂六度分離為在一社群網路中，從 A 到 B 中間透過 6 步人際關係，便能將 A 與 B 兩人相互連結。

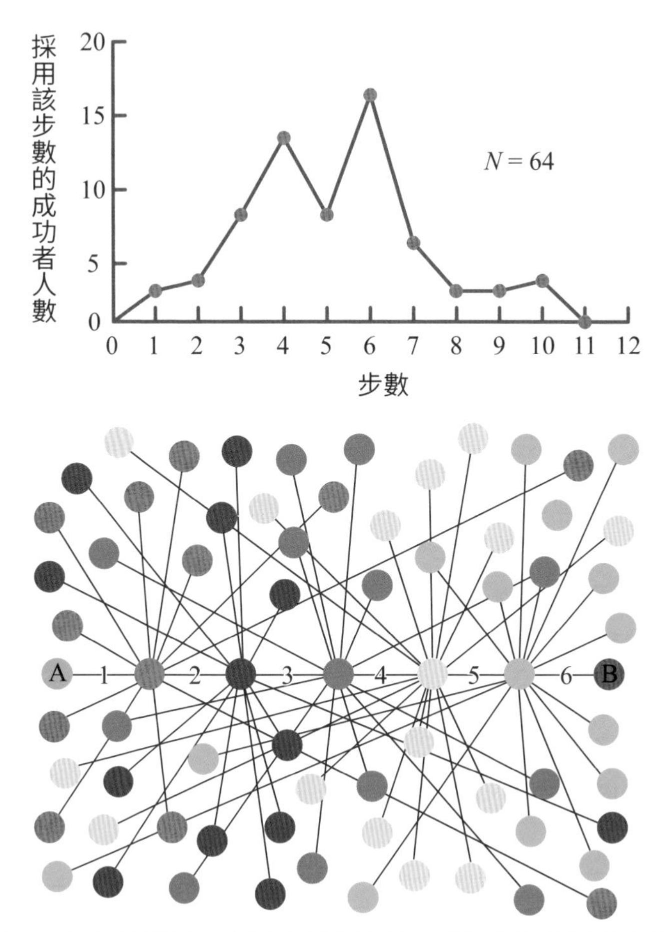

▲圖 8-2　六度分離實驗。其中上圖橫軸為步數，縱軸為採用該步數的成功者人數。

其實，這並非米爾格蘭第一次進行小世界實驗，但卻是最為成功的一次。經過幾次的失敗與調整，此次的研究範圍，會將收發信件的距離設定在奧馬哈與波士頓，這是當時美國普遍認知「十分遙遠的距離」。這場實驗近 300 人參加，一開始實驗信件會隨機地發送給任何一個人，信件詳細闡明研究目的，以及註明波士頓聯絡人的基本資訊，除此之外還有一份可以寫上自己名字的清單，與預先寫好的回郵卡。

收到信件後，收件人被詢問是否認識信中描述的聯絡人，若認識，就可以直接寄發；若不認識相關關係人，他們則會尋求可能知道的管道，往清單上寫上自己的名字後，寄發給下一個對象，同時寄出一份明信片，以便實驗的研究人員可以追蹤實驗進展。當實驗信件成功抵達波士頓後，研究人員可以利用姓名清單上的聯絡人數目，計算出信件被轉發的次數；若未成功收取信件，即可以藉由收到的明信片判別關係鏈中停止的點，進一步追蹤與修正。

一開始，這些實驗信件很快地就會被發往與目的地接近的地理位置，並不斷圍繞著收件人的關係鏈，直到進入關鍵的關係鏈中。實驗結果發現，在 296 個實驗對象中，共有 64 人成功地間接遞交至目標。在這些成功的關係鏈中，平均只需要透過 6 個人，就可以成功地和另外一個人連結關係，也就是說，看似相隔距離遙遠的兩個人，無論身處何地，彼此都成為了「最熟悉的陌生人」。

除實體信件以外，網際網路中的各種社群網路的數據分析結果，同樣也顯示著小世界的存在，例如：人與人之間的距離，在電子郵件傳遞的網路裡面，僅僅只要 4 步左右；而在 MSN 的社群網路中，平均 6 步就能找到確切的關係鏈。這些實驗結果意味著小世界真的存在，無關乎網路大小，平均只需 4 到 6 步就能夠連結網路中的任意二人，他們存在於各種社群網路中，而在今日網路蓬勃的發展之下，平均步數更有降低的趨勢，這隱含了資訊得以快速於社群網路中散播，也部分解釋「當資訊是一種傳染病時，將很有機會快速且廣泛地在全球擴散」。而新冠肺炎（COVID–19，俗稱武漢肺炎）就是一個典型的例子。六度分離的小世界其背後更多意義值得我們深入思考。

社群網路的成因——偏好依附法則

然而，如何解釋社群網路從何而來呢？為什麼社群網路會具備小世界的性質呢？在 AI 快速發展之前，其實就有許多不同領域的研究人員，包含數學家、物理學家跟社會學家等，試圖探討「如何解釋社群網路為何具備某些特性」，如上述提及之「人跟人之間距離很近」的特性，在《新約聖經・馬太福音》與老子的《道德經》，兩本著作中就有揭露社群網路形成的背後，可能存在的法則。

- 《新約聖經・馬太福音》第 13 章第 12 節：「凡有的，還要加給他，叫他有餘；凡沒有的，連他所有的也要奪去。」

- 老子《道德經》第 77 章：「天之道，損有餘而補不足。人之道則不然，損不足以奉有餘。孰能有餘以奉天下，唯有道者。」

舉例來說，一個社群網路的新進使用者，會傾向和朋友數多的人交朋友，像是「網紅效應」與「名人效應」；在寫論文時，我們引用的參考文獻也容易傾向於引用次數較高的論文。就如同經濟學家暨圖靈獎得主西蒙所說的「富者愈富」，因為人們不知不覺中遵從了**偏好依附法則 (preferential attachment)**，也就是俗稱的**馬太效應 (Matthew effect)**，是指科學界中名聲累加的回饋現象。基於偏好依附法則，我們透過新的小點匯集加入，點與點之間融合而轉變成大的聚落，如此解釋了社群網路的另一個重要性質**朋友數冪次法則 (power-law distribution)**，即極少數人擁有很多朋友，多數人認識的人相對很少。

社群網路中的人工智慧

人工智慧在社群網路的應用，基本上就是透過大量的數據，訓練機器學習，使得機器能夠具備可預測性，未來若感測到新資料時，就能夠做出精準的判斷與預測。李政德教授展示他在成功大學所創立的「網路人工智慧實驗室」(NetAI Lab) 應用人工智慧於社群網路的具體實例來說，可分為兩大類。第一類是**同質網路 (homogeneous networks)**，俗稱**以人為主的社群網路**。典型的人工智慧於社群網路之應用，例如：使用者標籤預測與分類、推薦系統、假新聞偵測、病毒式行銷……等；而人其實只是資料的其中一種物件，任何東西都可以被表示成網路，這也帶到了第二類，人、事、時、地、物皆能形成的網路——異質網路 (heterogeneous networks)，又稱萬物皆可表示成網路。人工智慧於其中之應用，例如：恐怖分子偵測、共享帳號偵測、個體行為側寫、環境感測及保護……等。綜述以上兩類應用方式，從生理安全、社會需求漸次擴及至滿足自我需求，影響的層面十分廣泛。

表 8–1 人工智慧應用於社群網路的分類與實例

以人為主的社群網路	萬物皆可表示成網路

• 典型 AI 於社群網路之應用
  ▪ 使用者標籤預測與分類
  ▪ 推薦系統
• 假新聞偵測
• 病毒式行銷
	• 恐怖分子偵測
	• 共享帳號偵測
	• 個體行為側寫
	• 環境感測及保護

以人為主的社群網路

使用者標籤預測與分類

李教授團隊所開發的此項應用，即是用已知社群網路中某些人的標籤，預測其他未知標籤者的標籤。如圖 8–3，社群網路中有些使用者已確定罹患某疾病（藍色），有些則確定未罹患該疾病（綠色），透過使用者標籤預測與分類，我們能夠預測使用者 6 號到 10 號的點（黑色）是否為罹病患者。基本概念是透過擷取社群網路各種使用者特徵，例如朋友擁有各種標籤之分布，佐以機器學習中的「非監督式學習方法」後，即可以精準地判斷出哪些人確定罹患該疾病，如圖右所示，使用者 6、7、9 被預測為非罹病患者，使用者 8 與 10 則為罹病患者。

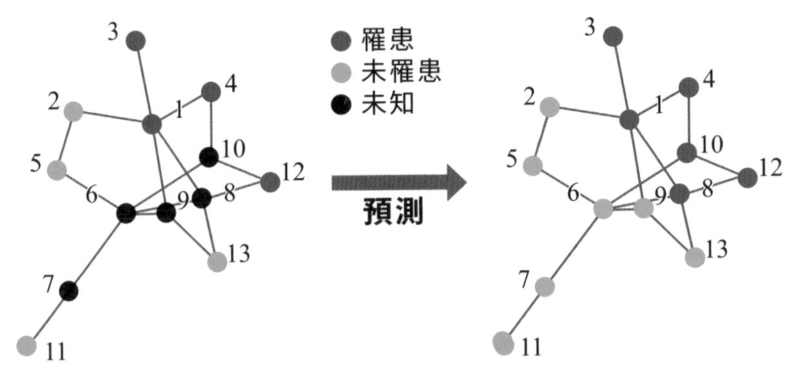

▲圖 8-3　使用者標籤預測與分類，以罹患疾病作為標籤為例。

推薦系統

推薦系統最主要的功能，即是預測哪些「互動關係」在未來會發生。例如：Facebook 朋友推薦，AI 系統可準確預測出，哪些人真的是你的朋友，但你還沒有加他為好友，或者是你未來有機會能和這位朋友互動。其背後的基本想法是讓機器去學習兩位使用者為何會形成朋友關係，機器可能學到他們有許多共同朋友、經常出沒在類似的地點等特徵。另一項與生活息息相關的例子，正是 Netflix 電影推薦，AI 依據使用者平時觀看影片的歷史紀錄，以**資料探勘**中的**協同過濾**❷方式，進而預測出使用者未來可能感興趣的影片。又譬如，在網路上購物時，頁面一旁顯示著「推薦購買清單」、「猜你喜歡清單」，系統會根據使用者已購買的物品，統計比對過去購買過相同商品的消費者，又購買了哪些其他商品品項，對購買者進行推薦，精確地評估這項物品的消費者購買趨勢。

假新聞偵測

社群媒體中，假新聞流竄的頻率愈趨頻繁，以假亂真、指鹿為馬的事件層出不窮，單單憑藉著人腦判斷假新聞與否，變得愈來愈困難了。例如，曾有一則新聞寫著：「美國科羅拉多州多間麥當勞，設置了大麻吸食區。」我們透過常識判斷，美國部分地區的大麻是合法的，因此這件事情看似很合理，會讓很多人會相信這件事情是真的；然而在公共場所吸食大麻仍然是違法的，因此這則新聞為真實的可能性不高。

---

❷此處協同過濾的應用，是以使用者對觀賞後的影片評價，來判斷及推薦未來可能感興趣的影片。

根據研究顯示，75% 使用者會對假新聞信以為真。李教授團隊所開發的 AI 系統，可以根據新聞擴散結構、新聞內容與用戶回覆內容來偵測此新聞為假新聞與否。AI 辨識到假新聞的線索可能包含：

1. 較為淺短的社群網路擴散結構。如圖 8–4，圖右的擴散結構較為簡短鬆散，意即點與點之間的擴散連結較圖左更為稀少。
2. 試圖讓人信以為真的用字遣詞。
3. 使用者對該新聞的情感隨時間的變化，譬如對於假新聞的貼文，在一開始的用戶回覆多為正面支持，後來則轉為負面反駁。

何者是假新聞的擴散網路？

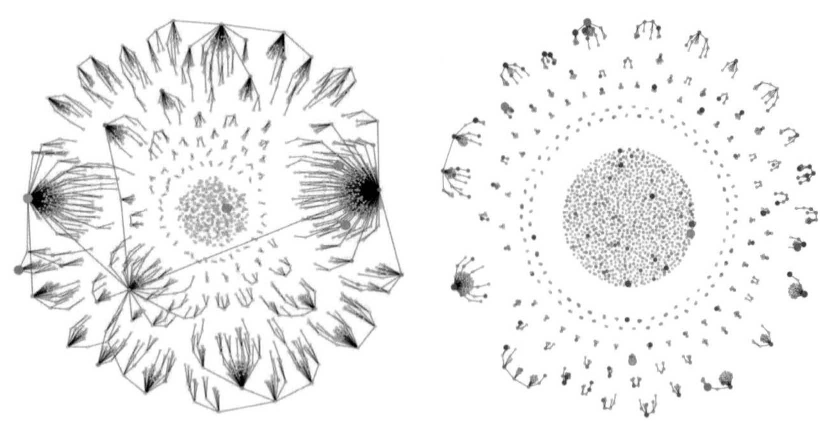

▲圖 8-4　真假新聞之擴散網路圖。假新聞的網路擴散結構較為鬆散。

病毒式行銷

病毒式行銷指的是公司透過免費試用品或折價券的行銷手法，搭配招募具意見領袖效果的種子用戶，常見如名人或網紅代言，在人際網路中向社群推薦商品，也就是所謂的口碑行銷。此一行銷方式使得商品資訊於社群網路中擴散，最大化讓對該商品感興趣且有意願購買的人，達到促銷商品的目的。李教授團隊讓 AI 介入病毒式行銷的方式，是從使用者過去的貼文內容與分享歷程中，學習出每位使用者感興趣的商品主題，進而預測每位用戶的社群影響力，即能吸引多少人前來購買該商品，讓公司能在有限預算下，招募最有影響力的用戶作為種子用戶，最大化病毒式行銷的效益。

萬物皆可表示成網路

恐怖分子偵測——異常行為偵測

想找出恐怖分子，必須先思考恐怖分子跟一般罪犯在行為上有何不同之處。換成另一種資料舉例：在 IMDb 電影資料庫網路中，知名女演員梅格・萊恩 (Meg Ryan) 和其他女演員比起來有何特別之處？首先，我們要視覺化梅格・萊恩的社群網路，李教授團隊透過 AI 分析，區分出梅格・萊恩的「正常行為」與「異常行為」，結果發現梅格・萊恩的異常行為——很喜歡演翻拍的電影。如果只憑藉肉眼觀察，我們很難發現其中的差異。

同理，在一個犯罪網路中，很可能夾帶巨量且複雜的個體行為資訊，我們可以透過 AI 自動辨識出個體在網路中的異常行為，若一罪犯的行為與其他人比起來很不同，那麼他是恐怖分子的可能性應該不低。

共享帳號偵測

須付費線上多媒體服務，如 Spotify，存在著多人共享帳號的問題，以往我們只能以帳號的角度去分析使用者的喜好，進而推薦該帳號音樂；但一個帳號下若存在多位不同音樂偏好的使用者，將使得推薦音樂至正確使用者的成功率大幅下降。李教授團隊透過 AI，從每一帳號的音樂聆聽歷程中，自動偵測哪些帳號有多人共享，預測一個共享帳號有幾個人共享，還可以即時偵測當前帳號是哪一位使用者，讓 AI 在進行音樂推薦時，能精準地從使用者的角度做出推薦，甚至連該帳號其中一位使用者在不同情境下聽音樂的習慣都能學習到，做到兼具個人化與情境化的音樂推薦。如圖 8–5 為一利用歌曲及其相關資訊，包含專輯名稱與歌手，所建構而成的音樂聆聽行為異質網路，其中綠色點線構成歌曲聆聽序列，藍色虛線表示每一首歌曲與歌手、以及歌曲與專輯之連結，紅色實線為歌手與專輯之關聯，透過偵測正在聆聽《*Born This Way*》是共享帳號下的特定用戶，我們將可利用此網路來推薦該用戶《*Bad Kids*》，因為此二歌曲同為知名歌手 Lady Gaga 的《*Born This Way*》專輯所收錄。

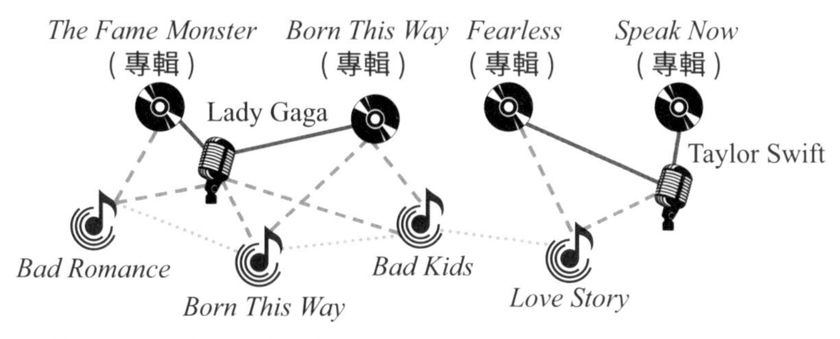

▲圖 8-5　音樂聆聽行為異質網路。

個體行為側寫

個體行為側寫的目的在於瞭解個體行為與個體間的互動。社群網路中的個體經常會有群聚現象，舉例來說，使用者在家庭、大學同學、工作夥伴……等不同社交圈中，每個小圈圈群體內部通常都會有較為緊密的社群互動，而群與群之間的互動關係則相對稀疏且不頻繁 。我們可以透過 AI 找出哪些個體屬於同一群體，應用在各種類型的網路，帶來不同的成效或目的。譬如在人際網路中，我們可從群體中推估使用者喜好的朋友類型；在犯罪網路中，可從群體中找出犯罪同夥；在股票漲跌網路中，可推薦能獲利的投資標的；在企業合作網路中，可瞭解公司間的競爭與合作關係；甚至在大腦組織細胞網路中，AI 可偵測大腦各功能部位。

環境感測及保護

AI 搭配網路結構還可應用於環境保護上。譬如給定某一城市的下水道網路（每個住家或工廠都是一個點，點之間若存在下水道管線則彼此建立連結），以及歷史汙水擴散資料，我們就可透過 AI 找出汙水感測器的最佳設置地點，讓我們能在汙染擴散到最大之前，儘早偵測到汙水，使汙水感測器發揮最大的效果。其基本想法是讓 AI 根據地面上地點鄰近區域的類型分布、地形及地貌、人口分布狀況等資訊，來評估每一地點產生汙染的機率，並同時從下水道網路中預測每一地點被汙水流過後所帶來的擴散風險，兩相結合後預測某地點搭建汙水感測器的效益。如此將可協助相關政府部門布設汙水感測網路，達到環境保護的目的。

大數據與社群網路

人工智慧仰賴大數據，線上社群網站提供了大量以人為主的同質社群網路資料，而無所不在的各種物聯網感測裝置將萬物聯繫成一個巨大的異質網路，其中感測數值無時不刻被蒐集記錄下來，這些大量的網路資料作為人工智慧訓練模型的燃料，讓人工智慧基於深度學習開發出更具預測能力的**圖神經網路（graph neural networks，簡稱 GNN）**技術。有別於專門針對圖像資料的卷積神經網路，以及專門處理文字資料的遞迴神經網路，專門針對網路資料的 GNN 能十分有效地融合網路圖形結構、個體屬性資訊以及隨著時間與空間變動的數據，進而為每一個網路上的每一個節點作出更為精準的預測。目前研究人員正著手利用各種網路大數據，開發出基於 GNN 的多種網路應用，除了上述所有應用均能透過 GNN 來強化準確性，更有利用道路網路來預測交通流量、利用感測網路來推估空氣品質、利用文字知識網路來開發對話機器人、利用物件關聯網路來辨識圖像語意、利用電子電路結構來改善晶圓設計良率，以及利用生物化學網路來開發傳染病疫苗，未來更多圖神經網路這種更具威力的人工智慧技術對各種網路大數據帶來更廣泛且更具影響力的應用，將指日可待。

AI 嘉年華

CHAPTER 9

與數據拔河——人工智慧的應許和限制

講師／HTC 健康醫療事業部的總經理、史丹佛大學電腦系客座教授、
日本 SmartNews 人工智慧顧問　張智威
彙整／連品薰

位於喜馬拉雅山區，不丹是個坐落在高山之頂的國度，那裡的人們彷彿只要抬起手就可以觸碰到雲朵。在這個天空邊緣的國度裡流傳著這樣的傳說：從前從前，第五任國王爬上了通往雲端的樓梯，騎著一頭斑頭雁飛到天堂去，卻忘記把樓梯降下來，從此之後不丹的人們就再也無法爬上雲端了。

古老的傳說如此，然而現代的人們卻能天天連上網路的雲端。飛機的發明甚至能讓我們飛躍雲端，俯瞰喜馬拉雅群峰。科技給了我們新的許諾，人類如今已能夠前往雲之頂、海之底的未知境域探索，而新一波人工智慧的復興，似乎也昭示著新世界的來臨。每一篇談論不同人工智慧科技的文章都不免俗地要問：「人工智慧會怎麼改變人類的生活？它能讓我們更幸福嗎？」然而在這之前，我們得先瞭解當代人工智慧的應許和限制，才不會成為從雲端摔落的伊卡洛斯❶。而身為 HTC 健康醫療事業部的總經理和史丹佛大學 (Stanford University) 電腦系客座教授，張智威教授能與大家分享最多的，還是過程中的困難與突破，尤其是與數據拔河的歷程。是在這樣前進三步、後退兩步的反覆摸索中，才有了今天大家所看見的人工智慧之躍進。

❶希臘神話裡的人物，因飛得太高，使得蠟製雙翼遭太陽融化，跌落水中喪生。

從尼泊爾經驗看電腦視覺的盲點

在 2017 年年初的一次研究行旅中，張教授和史丹佛大學的團隊從不丹穿越尼泊爾到拉薩，在喜馬拉雅山區拍了很多照片，旅程的尾聲張教授想以這些照片測試看看 AlexNet 的影像辨識能力。2012 年 ImageNet LSVRC 比賽的冠軍 AlexNet 是利用 ImageNet 資料庫訓練出來的 8 層**卷積神經網路**，也是第一個將深度學習應用在電腦視覺中的**影像分類器 (image classifier)**，傳聞可達到 99% 的準確率❷。

因此，張教授的第一張測試，是尼泊爾旅館外，一位婦人抱著嬰兒乞討的照片。當時他們被交代：在尼泊爾不能當眾施捨，否則群眾會一窩蜂地湧上來。因此他們只能滿懷淒涼地走過，並為婦人留下一張剪影。當他們再回顧這張照片時，想到的關鍵字是「貧窮」、「受苦」以及「被忽視」，不過張教授知道當代的分類器無法辨識出這些形容詞，頂多可以認得照片中的物件如「人」、「街道」等；但實際上將乞討婦人的照

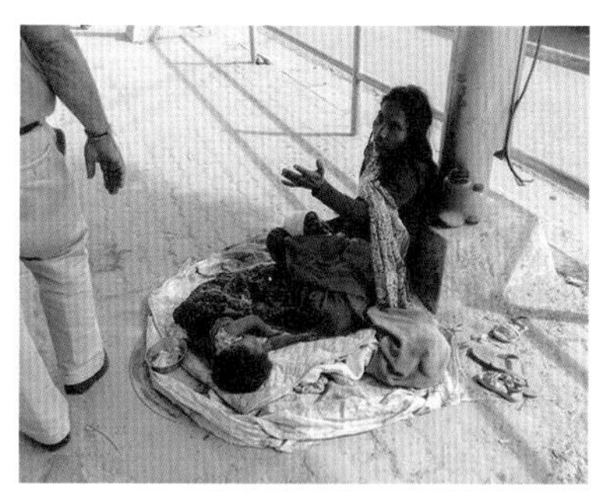

▲圖 9-1　乞討婦人的照片被分類為「狗」及「家畜」。

---

❷詳情請參考本書頁 146。

片丟到 AlexNet 所訓練的 **Caffe 分類器**❸ **(Caffe classifier)** 中，電腦判斷的結果卻是「狗」及「家畜」。不信邪地，他們另選了一張兒童在孤兒院中學習的照片，張教授心中想的關鍵字是「希望」，並預期分類器至少可以認出「兒童」，但電腦又再一次地沒認出人，或許是將孩子身邊的書桌認成鋼琴了，它給出的是「衣服」、「樂器」及「商品」等答案。最後一張照片，他們選擇了一位僧侶五體投地地在拉薩街上膜拜的照片，這時他想到的是「尊敬」、「奉獻」及「信仰」等詞，電腦卻同樣的得出「狗」及「家畜」的結論。

▲圖 9-2　兒童在孤兒院的照片被分類為「衣服」、「樂器」及「商品」。

▲圖 9-3　僧侶五體投地膜拜的照片被分類為「狗」及「家畜」。

在影像分類領域中，所有研究跟報導都告訴我們，人工智慧的正確率已經超過人類了，但為什麼實際測試卻會得出各種

---

❸一種能實現多標籤影像的分類器。

光怪陸離的答案呢？從這次的分類器測試中，我們又可以學到什麼經驗？首先，機器不會有人類的歧視心態，那麼為什麼它會把尼泊爾婦人及拉薩僧侶都看成是狗呢？原因是「機器無法判斷它沒見過的東西」。由於這一波 AI 的復興奠基於**資料驅動 (data-driven)** 的**特徵學習 (representation learning)**，其需要大量且多元的資料支持，而 ImageNet 雖然提供了夠多的資料，卻不夠多元。換句話說，如果 ImageNet 資料庫中沒有喜馬拉雅山區居民的圖像，它所訓練出來的分類器也無法辨識出喜馬拉雅山區的居民。總而言之，現階段人工智慧的影像辨識需要足夠數量 (scale) 與多元 (diversity) 的數據才能發展。因此，回過頭來我們必須思考自己是否具有達到這些條件的資料庫呢？如果沒有，我們又可以如何將人工智慧應用在產業上？

尚未到來的革命？踩在大數據肩膀上的人工智慧

2018 年 4 月，人工智慧學界權威——加利福尼亞大學柏克萊分校 (University of California, Berkeley) 教授喬丹 (Michael I. Jordan) 以「人工智慧的革命尚未到來」為題發表了他對這一波人工智慧熱的看法，文中他提到了當今關於人工智慧的公眾論述，經常阻礙我們看見整體的圖像，以及其中的機會與風險。當人工智慧躍上新聞版面，成為科技公司的新寵，為什麼學界的權威反而要跳出來提醒我們仍須努力研發呢？或許，在討論人工智慧的應許之前，我們必須重新釐清這場被視為 AI 文藝復興的運動做到了些什麼。

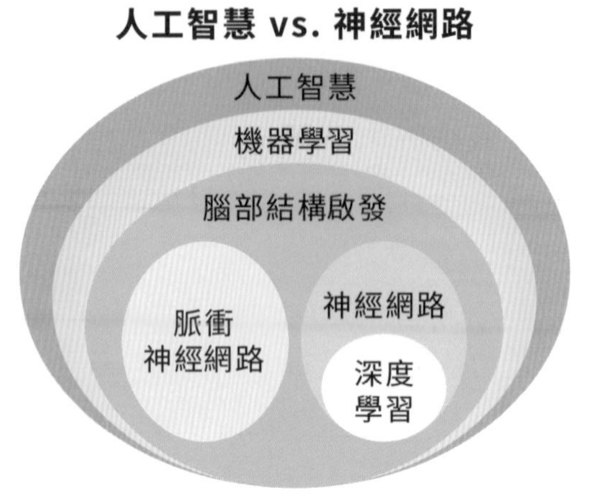

▲圖 9-4　人工智慧與神經網路的涵蓋關係圖。

大家所熟悉的深度學習是這波復興中最熱門的話題，但實際上卻只是人工智慧大餅中的一小塊。人工智慧中最大的子集是機器學習，何謂機器學習呢？簡單來說，機器學習最重要的元素就是資料跟算法。資料分為附標籤的（labeled data，代號 *L*）跟沒有標籤的（unlabeled data，代號 *U*），前者包含影像跟標籤資訊（例如：裡面有貓、有人），後者只有單純的影像。接下來我們還需要一個算法 (learning algorithm)，舉例來說深度學習就是一種算法。其中，若只將標籤資料 (*L*) 放入算法裡就稱為**監督式學習**；反之若只放無標籤資料 (*U*) 則是**非監督學習** (unsupervised learning)；兩者皆有 (*L* + *U*) 就是**半監督學習** (semi-supervised learning)。將資料丟進算法之後便可以求出一

個函數 (*f*)，靠這個函數我們就能對未知的目標物件作出預測和分類。

從圖 9–4 來看，深度學習只是機器學習的一小部分。深度學習是一種神經網路的應用，而神經網路則來自於**腦部結構啟發 (brain-inspired)** 科技。所謂的腦啟發其實包含了人腦諸多重要功能，但這次的人工智慧革命只觸碰到了大腦中枕葉 (occipital lobe) 的**視覺皮層 (visual cortex)**。視覺皮層的生物研究已在 1959 年休伯爾 (David Hubel) 跟威澤爾 (Torsten Wiesel) 的實驗中得到了很大的進展，而在得知了視覺細胞如何接收與傳遞訊息後，楊立昆在 1989 年便開發出了模擬視覺神經運作的卷積神經網路。

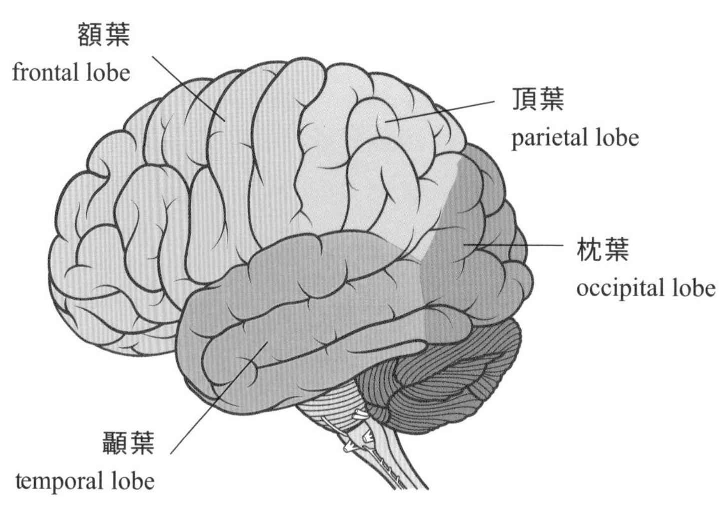

▲圖 9-5　人腦四葉的位置。

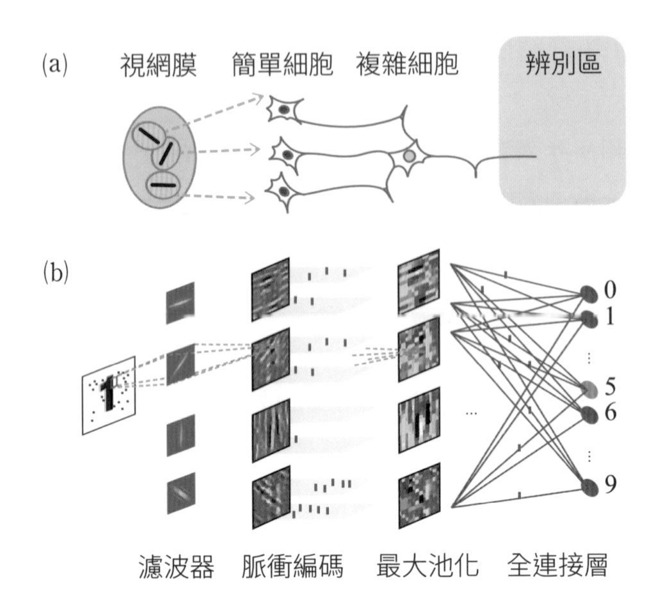

▲圖 9-6 (a) 休伯爾與威澤爾的實驗分析；
(b) 楊立昆歸納的計算模型。

雖然卷積神經網路在 1989 年就已提出，電腦視覺的技術卻要到了 2014 年才起飛，這 25 年的時間科學家們在做些什麼呢？張教授以他在 Google 工作的經驗為例，說明了當他在 2006 年想發展大數據驅動機器學習時便遇到了標籤資料量不足，無法解出足夠準確參數的困境。因應這個問題，科學家們發展了各式各樣的算法，但複雜的算法又相對地耗時，跟不上搜索引擎和廣告推薦系統的即時需求，就連在 Google 這樣的公司也不重視。但 2010 年張教授在 Google 贊助了李飛飛，使

ImageNet 資料庫成立，蒐集並提供了科學家 120 萬張影像去做研究。在短短 2 年間，AlexNet 便利用 ImageNet 中的大量資料，以一個 8 層的卷積神經網路在 ImageNet Challenge 的影像辨識競賽中取得革命性的準確率，驚豔了學界與業界。此後業界開始投資大規模 GPU 運算平臺，並接受了數據驅動的大規模機器學習之典範。

除卻電腦視覺的大躍進之外，另一個成就這波人工智慧革命的炸彈非 AlphaGo 莫屬。在 2016 年時 AlphaGo 昭告了全世界——如果一個算法能自行生產出無限多且多元的訓練數據，便能造就 IQ 300 的機器。但問題仍然是我們是否可以從小數據演繹出等同於無限多且多元的大數據？很可惜的，在除了下棋和電腦遊戲外，多數領域科學家還未找到這樣的方法。總地來說，這一波的人工智慧革命其實只推進了深度學習，而發展的面向也只限於模擬人腦的知覺 (perception) 中的視覺功能。至於如何使用人腦知覺之外的能力，譬如知識、記憶、計畫、邏輯思考等，都還有待未來發展。

讓 AI 處理 AI：朝向自動化人工智慧發展

瞭解了現代人工智慧發展史之後，便會發現無論是電腦視覺或者 AlphaGo 的深度學習，都奠基於大數據之上。因此如果我們要將人工智慧運用於業界，就應當思考：在有大數據的領域可以用數據來做什麼？若沒有大數據又該怎麼辦？除此之外我們也該重新想像：在一個使用人工智慧的公司裡，工程師與電腦該如何共事？人工智慧可以如何幫助我們減少人力、時間與金錢的成本？

縱然現在許多公司都增設了 AI 部門，AI 學校也如雨後春筍紛紛成立，曾擔任史丹佛人工智慧實驗室主任的吳恩達教授仍指出：「很多公司還不瞭解如何使用 AI，沒有很多團隊知道該如何執行。」一個 AI 團隊要能真正運作，至少需要 10 個算法很強及 10 個系統很強的成員。但頂尖的 AI 人才多數會選擇進入 IT 公司，而其他擁有大量數據如嬌生、麥當勞這樣的企業，其實很難能雇用到尖端 AI 人才，而這也是臺灣市場所面臨的問題。張教授認為，AI 應用需要的其實是能夠開發新的算法或把既有算法自動化的人才，其他的技術層面都應該儘量自動化，而不是訓練更多人出來從事模式選擇、參數調整等較低階工作。

電腦視覺突破性的發展，恰好告訴我們資料驅動的深度學習在「選取最佳特徵」這種包含大量參數、無數組合的工作上會比人工手動擷取還要有效率；同理，在模式選取上，一般公司除非有持續地在做**標桿分析**❹**(benchmarking)**，否則難以判斷諸如 framework Caffe、TensorFlow、PyTorch 等不同模式各自的速度、效率與成本。在諸多模式 (model) 間就算選取了一個滿意的模式，仍舊要手動更改參數，這些繁瑣的工作放在

❹將一企業各項活動與從事該項活動最佳者進行比較，從而提出行動方法，以彌補自身的不足。

分秒必爭的商業公司中便顯得效率不足。因此，既然我們希望人工智慧帶來更多的便利，就應該朝向「讓 AI 來處理 AI」的原則發展，讓 AI 自己來替 AI 選擇模式、調整參數、安排 GPU 數量、減低資料輸入輸出 (IO)，達到最大加速、最高準確度、最小模組的優化。

DeepQ：增強式學習的 AI 醫生代理人

自動化人工智慧機器 (automated AI machine)——「讓 AI 來處理 AI」的概念，也是張教授推出 DeepQ AI Machine 背後的宗旨。DeepQ 在健康醫療產業想達成的目的，是讓人們平時就可以做到簡單的身體檢測，它能為使用者作「導診」，引導人們去特定門診掛號。這背後的理念是想為醫生收集到更完善的身體資訊，達到輔助看診的目的。這個構想來自於 5 年前張教授的團隊參加的 Tricorder Xprize 比賽，其目標就是要製造出可以進行疾病自我檢測的輕便儀器，這個 5 磅以下的儀器要具有驗血驗尿、光學檢查、呼吸診斷、心率血壓測量和問診等功能。

其中，負責問診的 Symptom Checker 扮演了很重要的角色。由於我們不可能要求使用者進行一輪全身性的檢測再來下診斷，因此就必須由 Symptom Checker 作為 AI 醫生代理人判斷病人該做哪些檢測，再來給出診斷或建議，如此才符合經濟效率，也顧及了使用者的體驗。雖然坊間已有發展一些線上問診的程式，但根據哈佛大學 (Harvard University) 在 3 年前做的調查，現有程式只達到平均 35% 的準確度，以及偏低的使用者滿意度。有的程式需要使用者輸入詳細的症狀才能作診斷，卻忽略了人們就是不具備專業的醫療知識才需要看醫生，反而帶給了使用者挫折與麻煩。該如何增進機器問診的準確度與使用者經驗呢？DeepQ 轉向了深度學習尋求解方。

DeepQ 團隊利用了和 AlphaGo 原理相同的**增強式學習**技術最佳化問診的功能。有追過 AlphaGo 風潮的人可能都知道，AlphaGo 是利用 2 個卷積神經網路進行增強學習：**價值網路 (value network)** 利用監督式學習，

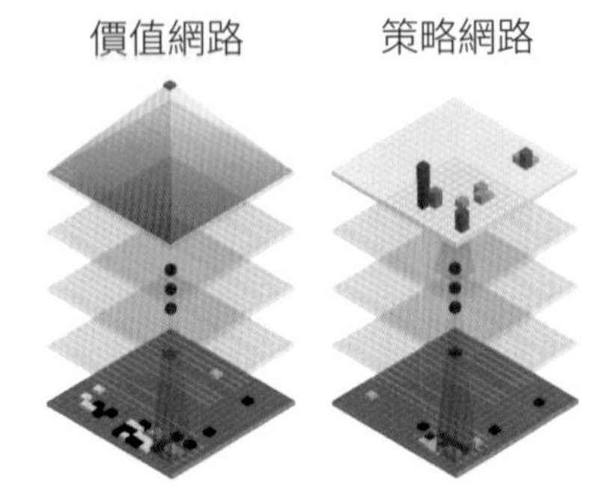

▲圖 9-7　AlphaGo 運用了 2 個神經網路進行增強式學習。

輸入 6000 萬筆棋譜讓 AlphaGo 學習，並預測每一落子的「價值」；**策略網路 (policy network)** 則是會評估在每一個位置上落子的勝率，做出最佳的決策。AlphaGo 在訓練的過程模擬成千上萬機器棋士，互相用先前 6000 萬筆棋譜沒見過或不見得是最好的策略對奕，同時也會摻雜一些干擾因素（例如隨機選擇一個勝率很小的地方落子），讓人工智慧可以超越舊有棋譜的邏輯。這個成果在 AlphaGo 和李世乭的第二盤對決中就顯現出來了，當時 AlphaGo 選擇了「黑 37 手」這個不尋常的位置落子，打破了圍棋幾千年來的理路，卻贏下了這盤舉世震驚的棋局。

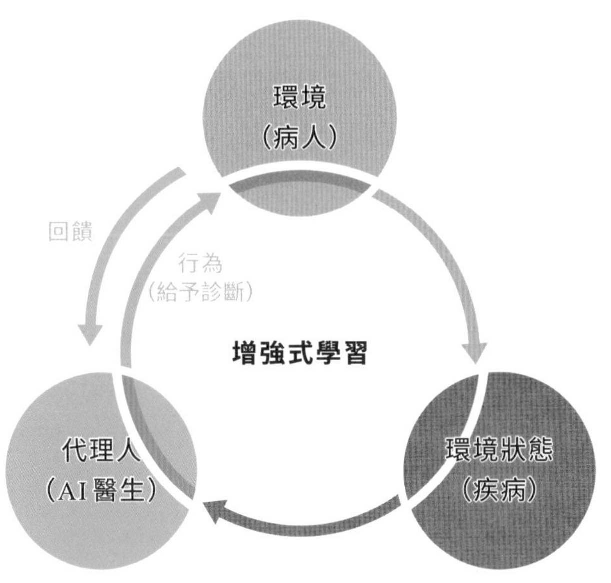

▲圖 9-8　利用增強式學習訓練 DeepQ 達成更準確且精簡的問診。

回到 DeepQ 的增強式學習，其實就是透過對於「代理人」（agent，此指 AI 醫生）在「環境」（environment，此指病人）中採取的「行為」（action，此指給予的診斷）給出正向或負向的「回饋」(reward)，來逐漸修正其行為選擇。舉例來說，每次 AI 醫生會問病人一個問題，病人回答後他的「環境狀態」（environment state，此指疾病）就會改變。換句話說，AI 判斷不同疾病的可能性以及該做什麼檢測的機率會根據病人的回答而變動。如此進行數次後 AI 會做出一個判斷，如果這個判斷是正確的，就會得到正分的回饋，反之則得到負分。同時，為了保持問診品質、精簡 AI 的問題，DeepQ 也設定讓 AI 每問一個問題就會扣 1 分，以此控制問診題數。在反覆地探索學習中，我們可以期待 AI 醫生代理人提供更準確且精簡的問診體驗。

增強式學習似乎為 AI 醫生代理人帶來一絲曙光，但不同於 AlphaGo 的成功，它要被應用在醫學診斷還必須克服數個關卡，因兩者之間有數個決定性的不同。第一是輸入的資料性質，雖然一個棋子有 19^2 個地方可以落子，但一步棋一旦下了，它的位置就是固定的，其輸入可以毫無爭議地標示出來；但當 AI 醫生代理人問診時，病人給的回饋可能是「很痛」、「有點痛」、「好像會痛」、「陣痛」等**不可數且連續性的屬性資訊 (uncountable continuous attributes)**。第二個不同是輸出 (outcome)，棋局遊戲只有輸、贏、和局 3 種可能；疾病診斷的輸出可能卻是 800 種疾病中的複數個。最後也是最重要的一點，在於遊戲可以在明確的遊戲規則中進行無限的探索 (exploration)，因此 AlphaGo 可以自己跟自己下棋以便生產無限的數據；但在醫學診斷中這種試誤的探索行為完全不可行，就如同我們不可能去測試砒霜能不能治療感冒，就算要進行人體試驗，也只可能在小範圍且受控制的情況下進行。因此相較於 AlphaGo，AI 醫生代理人可以自行生產的數據是很侷限的。

表 9-1 AlphaGo 與 DeepQ 的比較

	AlphaGo	DeepQ
輸　入	明確標示	不可數且連續
輸　出	3 種中 1 個	800 種中複數個
探　索	無限次	小範圍且受控制

為了降低問題的複雜性，團隊使用**階層性增強式學習 (hierarchical reinforcement learning)**，也就是將問診分為兩個階層，先是主代理人（醫院院長）做出大致的分類，再選擇幾個副代理人（各科主任）就更細層的症狀作出診斷。這種在現實世界完全不可能執行的方法，在虛擬世界卻可以實現，並且最佳化了機器診斷的效率。其次，問診也將 Who（病患身分、遺傳學、個人病史）、Where（疾病的地理分布）跟 When（疾病的季節性）等脈絡加入分析，如此一來便在 3 年內把原本 35% 的準確度一舉提升至 80% 以上。

如今張教授團隊的研究成果已發表在 NIPS、AAAI、CVPR 等頂級會議，也被加大柏克萊及史丹佛大學的研究團隊所引注，在國內也和萬芳醫院、彰化基督教醫院、衛福部疾病管制署等建立了合作關係。在現行醫療體制內，雖然 AI 醫生代理人無法進行診斷，但導診的服務可以提供病患衛教知識，或指示病患去掛特定科別的門診。而醫生診斷的結果，也可以作為最佳化人工智慧的資料。基於此技術，2020 年 1 月底張教授團隊與疾管署即時開發的「疾管家」聊天機器人，為國人防抗 COVID-19 疫情帶來極大幫助。

沒有大數據怎麼辦？湊合著用或自己創造吧！

除了 Symptom Checker 的最佳化之外，DeepQ 團隊也在光學檢測的問題上做出了突破。以中耳炎為例，光學檢測其實就是影像辨識的問題，科學家希望人工智慧能從醫學影像中判別哪些人罹患了中耳炎。但研究團隊從國泰醫院拿到了一千多筆標註的圖片，丟到深度學習模型中只能達到 75% 的準確率。就算採取人工特徵篩選 (hand engineering)，以醫學標準尋找中耳炎的特徵，仍然只能增加到 80% 的準確率，而要達到 95% 估計需要幾萬筆的標註資料！

深度學習缺乏了大數據，就沒有準確率，但我們去哪裡找數萬筆中耳炎的影像呢？許多疾病很難收集到這麼多的確診案例。卻是在這種進退不得的窘境裡，團隊裡的工程師突發奇想，把網路上雜七雜八的圖片丟進模型裡，和中耳炎的影像一併對 AI 進行共同訓練 (co-training)。張教授笑著說：「當時我覺得真應該叫這個人走路，但沒想到結果出來準確度提升了整整 10%。」究竟這些鍋碗瓢盆、拿鐵跟紅酒的圖片和中耳炎有什麼關係呢？原來，這些看似毫不相關的圖片和中耳炎共享了某些低階特徵，間接促進了人工智慧的辨識能力。而中階的特徵則可以利用明喻達到類比的效果，比如中耳炎流膿的樣子跟拿鐵有幾分相似，紅腫的樣子則如同紅色的絲綢。

除了開外掛地使用毫不相關的網路圖片，另一個解決資料不足的方法則是讓 AI 自己製造圖片資料。現任臺大電機系副教授李宏毅所專精的生成對抗網路 (GAN) 便是試圖讓機器創造出有結構的複雜物件，如一張以假亂真的照片、一段有意義的文字或旋律❺。簡而言之，GAN 需要一個生產者 (generator) 製造假圖片，混合著真圖片丟給鑑別者 (discriminator) 進行判別，如果鑑別者可以辨識出假圖片的話就回去修改生產者的性能，直到生產出來的假圖片能夠騙過鑑別者為止。當代 GAN 已經可以製作出卡通圖片，甚至生成栩栩如生的人臉與物件影像，但卻無法應用在專業的醫療領域上。因為不同於一般圖片，醫療影像的容錯率很小，若缺乏醫療專業知識的指導，AI 可能會製造出太多不符合生理事實的圖片，例如血塊不在血管上面的出血性中風影像，如此一來便難以作為標籤訓練資料。

以上我們列舉了兩種應對資料量不足的可能解方，但在尼泊爾的經驗所彰顯的資料歧異度不足問題，卻是科學家們還在努力的課題。如果我們無法從資料來源解決這個問題，是否可以用 AI 的影像生成技術來克服呢？換句話說，若我們只能提供 AI 紅色玫瑰的圖片，它要如何才能猜出玫瑰有其他種顏色？張教授認為，解決了這個問題，或許才能稱為真正的 AI 革命。

---

❺詳情請參考本書頁 179，CH7〈機器如何聽懂我們說的話？〉。

AI 能讓我們更幸福嗎？

看清了這波人工智慧革命的限制，我們才會瞭解深度學習只是人工智慧鴻圖的一小部分，也才能想像下一波人工智慧的可能性。張教授自己提出的期許是在未來的 3 到 5 年內，AI 除了要能辨識出喜馬拉雅山上的「孩子」，還可以給出「快樂」的標籤，甚至要能指認出孩子「天真」的特質。在這個課題上，DeepQ 團隊在 2019 年利用知識 (knowledge) 和知覺組合推出**知識型生成對抗網路（knowledge-guided generative adversarial networks，簡稱 KG-GAN）**已有初期突破，而更多的發展還有賴科學家們的共同努力。

「人工智慧可以讓我們更幸福嗎？」就是因為深深地相信未來的可能性，張教授才會選擇投入醫療科技產業，也期望著現在我們的努力，都能讓下一代的孩子過得更健康、更幸福。

特別感謝此文相關研究貢獻者：周俊男、湯凱富、張哲瀚、彭宇劭、張富傑、謝淳凱、臺灣大學林軒田教授。

AI嘉年華

CHAPTER 10

用人工智慧探索DNA中的調控密碼

講師／臺灣大學生物機電工程學系教授　陳倩瑜
彙整／葉珊瑀

近代科學蓬勃發展，生物醫學的探索也有偌大的進步；而在 AI 產業起飛的現今，我們又要如何利用 AI，更深一步地探究人體細胞中不為人知的祕密呢？本章將由陳倩瑜教授從生物資訊的角度，分享當代以人工智慧來協助生物分子辨識的原理與實例。

我們都是超級電腦——基因運作機制

人體身上的細胞非常多，大約是數量級 10^{14}。人類屬於真核生物，細胞核中有染色體，染色體中的部分片段，就是所謂的基因。染色體是由雙股螺旋的 DNA 組成，就像是螺旋狀階梯，鹼基配對如同一階一階的階梯。

陳教授把每個細胞比擬作小電腦，人的身上有十幾兆的小電腦，整個人就如同一臺超級電腦。每臺小電腦都有同樣的作業系統，安裝了一模一樣的應用程式，大多有兩萬多種應用程式（即基因數目）；和一般電腦二進位制不同的是，DNA 序列是四進位制，由 A、C、G 與 T 四個字母組成。就人體的基因組來說，一共有 3×10^9 這麼多個字母，用數量及符號表達，就是 3G (giga)。

如此長的序列，被分批成 23 對染色體。以第一對染色體為例，有一套染色分體來自爸爸、一套來自媽媽，可以看成這個細胞小電腦是雙作業系統，這兩個作業系統時而同時運作，時而只有一套在運作，因此有不同的版本。所以我們會說每一個人都是獨特的個體，我們都有屬於自己獨特的 6G 資料（也就是 3G × 2)。隨著科技進步，這些 6G 資料在現今可以用約 1000 美金（30000 臺幣）透過實驗室取得，要取得每個人的 DNA 完整資訊，在技術上已經不是問題。

基因組的個體差異

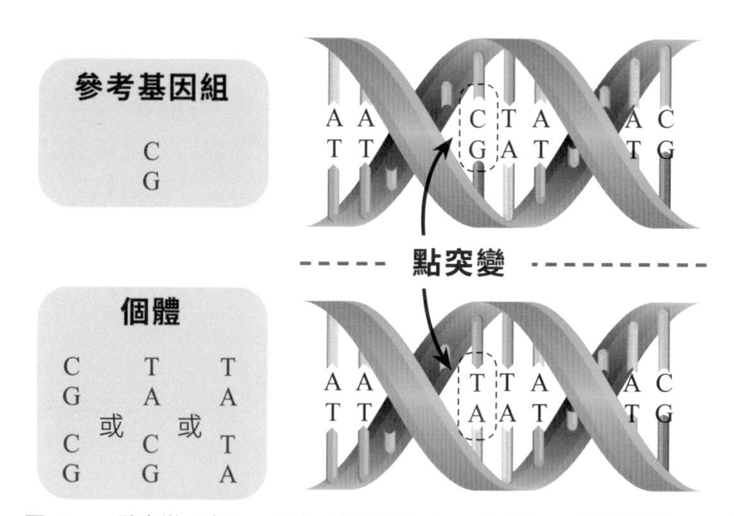

▲圖 10-1　點突變示意圖。以參考基因組為 C—G 作舉例，C 點突變有 A、T 與 G 三種可能，其相對應鹼基則分別為 T、A 與 C。

什麼叫個體差異？當我們提到人的參考基因組，談的是人的第幾對染色體、在第幾個位置、是哪個鹼基配對。例如圖 10-1 中是 C—G 的配對，然而每個人的鹼基配對和參考基因組會有些許差異，在相同位置，身上因為有兩套染色體，可能兩個版本都和 C－G 配對相同，也可能是不同的鹼基配對，如：T－A、A－T 或 G－C，這些差異稱為**點突變 (point mutation)**，也就是 DNA 位置上的**變異 (variant)**。平均而言，每個人在 3G 的資料中約有超過 3M (mega, 10^6) 的變異， 大概是千分之一的個體差異。每個人和所謂的參考基因組大概都有這千分之一的差異，這些差異可能坐落在基因位置，就會對基因功能產生影響。在人類基因組中，有超過 98% 變異不是在基因的位置，而是落在所謂的非編碼區，很多地方的功能是當代科學尚未得知的，若這個帶有個體差異的變異，坐落於我們不知道功能的位置，影響就未知。隨著科技進步，慢慢地，我們要揭開基因體中的神祕面紗。

基因表現與轉錄調控

延續剛剛把細胞比擬作電腦的譬喻，如果每臺小電腦都安裝同樣作業系統和應用程式，為什麼每個細胞的表現型態差異如此之大？以神經細胞、皮膚細胞、血球細胞為例，彼此之間的型態差很多。關鍵正是在於每個細胞中，兩萬多個應用程式（即基因)，有沒有被表現出來，實際的狀況差異很大。雖然每個細胞都有相同的配備，但個別細胞的使用情形不同。原因在於染色體中的片段，有些會被鎖住，正如同資料中的檔案可能被壓縮封裝起來。封裝起來的資料平時讀不到，在淋巴細胞、神經細胞……等細胞中，DNA 哪個區段是 on/off，狀況不同。

只有 on 的地方，DNA 資訊才可以被讀取，這個概念稱為**表觀基因體 (epigenome)**，其所描述的是 DNA 中當下的狀態，因此每個細胞當下的狀態不太一樣。

處於 on 狀態之處，有機會進行基因表現，DNA 會轉錄形成 RNA，再轉譯形成蛋白質。製造而成的蛋白質，有機會回來調控整個反應進行，這部分也是陳教授在本章最想跟大家分享的。這類的蛋白質叫作**轉錄因子 (transcription factor)**，會影響其他基因的表現，而人類約有 1400～2000 種轉錄因子。轉錄因子會去依循 DNA 上面的**序列特徵 (pattern)**，例如 TAACGC，就可能是啟動轉錄程序的關鍵位置。如果轉錄因子順利開啟一些基因的轉錄程序，就會表現出各種基因。

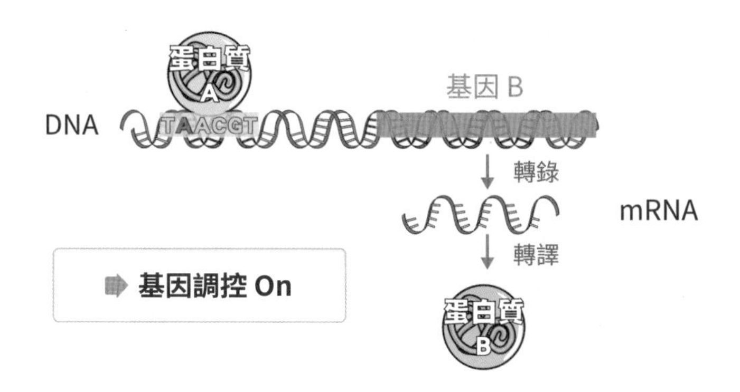

▲圖 10-2　只有當 DNA 區段處於 on 狀態下，坐落於其中的基因 B，才有機會受到特定轉錄因子 （蛋白質 A） 的調控 ，進行基因轉錄與其後的轉譯，最終形成蛋白質 B。

在這裡，陳教授要大家停下來想像，在 3G 的基因組當中，轉錄因子要利用分子間的辨識，找到能結合的地方，並在該處停留一段時間，其實沒那麼容易。

從分子層次看起，一個蛋白質是由胺基酸構成的，胺基酸先串接成一級序列，在摺疊過後形成三級結構，這個結構有獨特的**構形 (conformation)**，依序列決定構形的細節，就如同可以辨識身分的指紋、可以打開鎖的鑰匙。這個特殊形狀會卡在 DNA 上，DNA 一階一階的鹼基配對，必須組織形成與該蛋白質匹配的鑰匙。一旦形狀吻合，蛋白質就會卡住；若不吻合，即便鑰匙有經過 DNA，也會滑落。

科學家想要回答的問題是：在這龐大的基因組中，鑰匙孔在哪？鑰匙孔長什麼樣子？如果能有效率地知道這件事，就會知道這一、兩千個轉錄因子究竟如何調控這兩萬多個基因，而且在不同的細胞型態、組織中，有不同調控行為。通常一把鑰匙有數百、數萬個鑰匙孔，要找到鑰匙孔，就需要先進的生物技術。

應用機器學習尋找基因鑰匙孔

陳教授與我們分享生物學家如何利用**染色質免疫沉澱一定序 (ChIP-seq)** 技術來幫忙尋找鑰匙孔：ChIP-seq 先將卡在 DNA 上的蛋白質鎖住，然後切碎 DNA，再用抗體抓住特定的轉錄因子，就能得到有興趣的轉錄因子與其鍵結的 DNA，兩者會一起被抓下來，最後把蛋白質洗掉，就可知道細胞在此時的狀態，瞭解哪些蛋白質鍵結哪些 DNA。

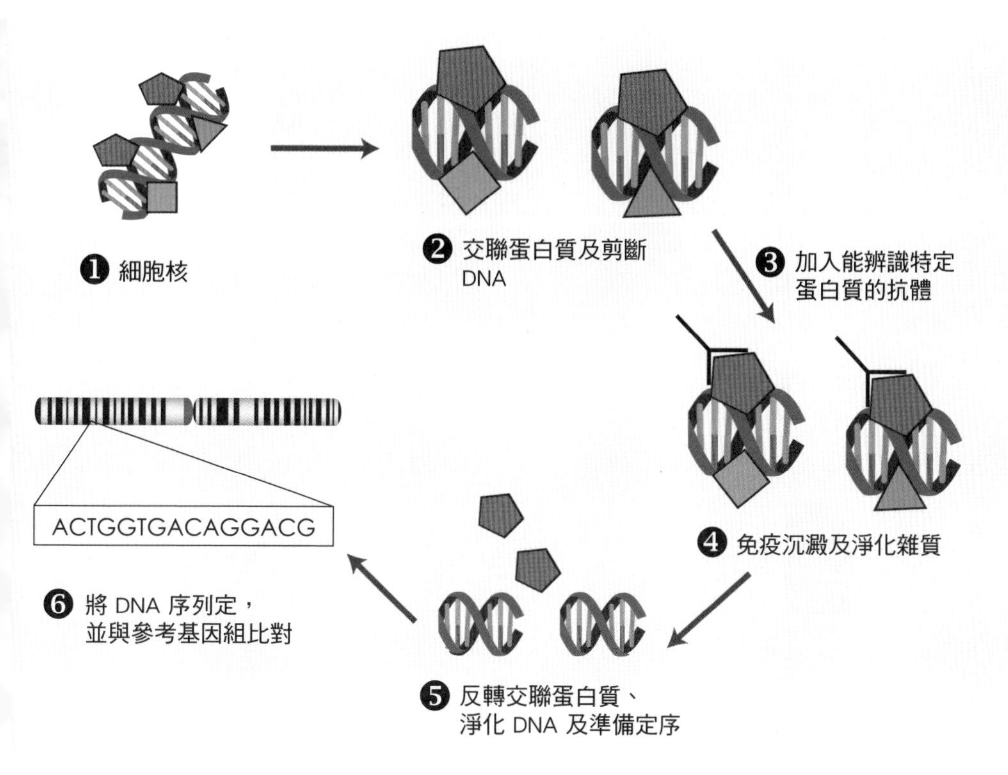

▲圖 10-3　ChIP-seq 技術的流程示意圖。

作為生物資訊學家，得到的資訊就是序列片段，我們可以依 ChIP-seq 實驗結果，將基因組中有些序列片段標示為 on、有些標示為 off，這在陳教授看起來就像是個機器學習問題。透過電腦分析序列片段，可望知道基因組的特定區域何時會 on/off、進而在這些區域中尋找有哪些鑰匙孔存在。

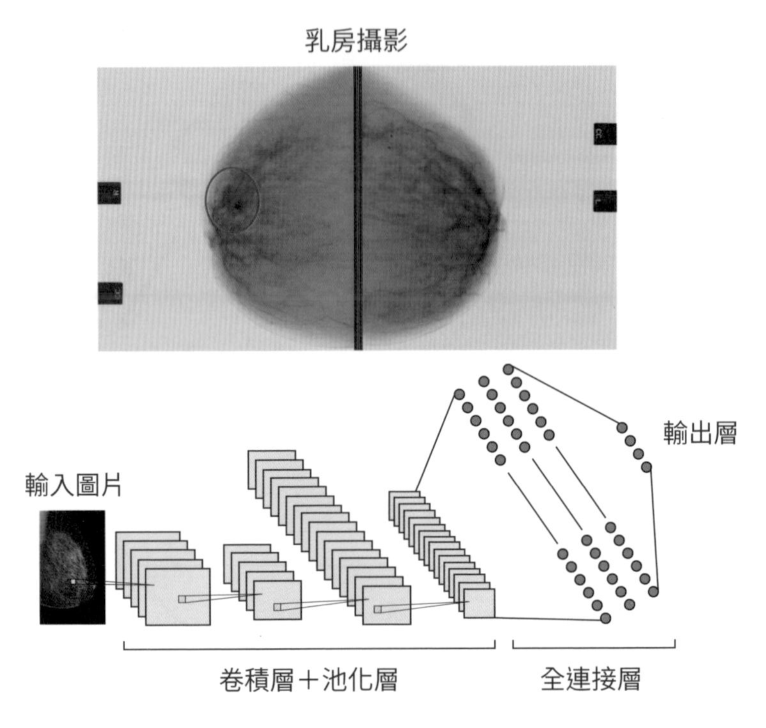

▲圖 10-4　利用卷積神經網路，對乳房攝影的影像進行判讀。

這邊以影像辨識的問題，來解說機器學習演算法如何在 DNA 片段中尋找鑰匙孔，因為兩個問題有相同的本質。陳教授以過去學生做過的乳房攝影影像判讀為例，說明 AI 工程師如何利用卷積神經網路從偌大的影像中尋找潛在的腫瘤。以往在偌大影像中，只有專業放射科醫師能快速告訴你哪裡有疑慮。

電腦判斷曾經不容易，但是近年來有大量影像釋出，經過專家標註，可以透過深度學習來輔助醫師注意影像中哪些地方有可能有小腫瘤。

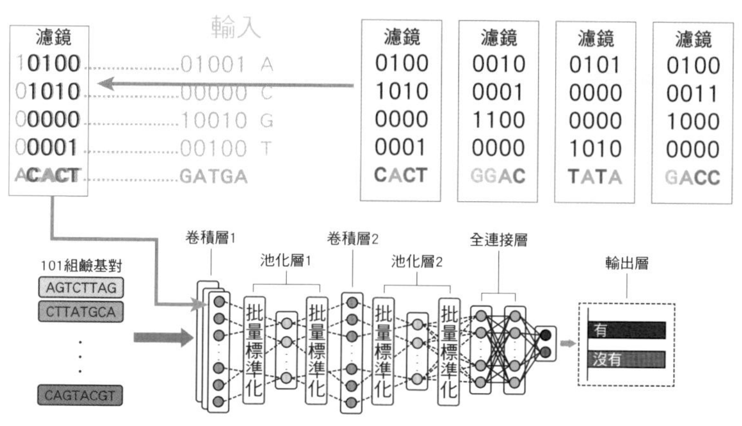

▲圖 10-5　利用卷積神經網路學習序列特徵，進而預測是否有鑰匙孔的存在。

同理，核苷酸序列中的四個字母可以在 input 後轉換成四維資料，序列變成「4 × 長度」的影像，放入卷積神經網路讓電腦學習這些序列特徵。學習過程中，CNN 的層 (layer) 利用濾鏡 (filter)，讓電腦知道什麼樣的特徵出現在序列中。若序列是 on，要想辦法透過隱藏層把訊息傳達到最後面。不論 on/off 的序列，都可以協助神經網路的參數學習。學習成功以後，可以用來預測鑰匙孔是否存在，未來，更得以透過數學模型來評估人體的變異是否影響鑰匙孔的功能。

方才提到一個轉錄因子會結合上千上萬的序列，這些序列就是可能包含鑰匙孔的序列片段。目前確實有足夠的資料量可以學習，學習成功後，就可以透過學成的數學模型，預測相同的鑰匙孔是否存在於其他的序列片段中。這不僅可以讓我們理解基因 A 與基因 B 潛在的調控關係，日後甚至可以評估如果一個人 DNA 發生了變異（千分之一的變異位置），若其正好發生在鑰匙孔上，轉錄因子插上去之後，是否能夠打開。

深度學習在**表觀基因學 (epigenetics)** 的應用是本章節的重點，它比過去其他種預測方式精準很多，而且已經大幅應用於表觀基因學的研究。

然而科學家想回答的還更多，例如目前發展中的精準醫療，將從變異開始瞭解，檢視對疾病、藥物的影響與關聯。一個變異可能影響基因功能，也可能透過基因調控，最後造成器官異常或是病症。科學家還在理解這個漫長途徑的中間環節。舉例來說，人類有上百種細胞種類，每一種又可以搭配各種轉錄因子的資料去學習變異，看看對轉錄因子結合是否產生影響。過去不止累積了這些資料，還累積了很多變異、基因表現彼此的關聯性，以及基因表現量對於疾病的影響之關聯。想要直接從變異預測所有疾病 (disease) 目前還做不到，主要原因是現有資料還不夠，同時擁有 DNA 資訊以及臨床病例資料，這樣的案例還太少。

目前能做的是，針對中間每個環節，先建立小的神經網路學習連結，並將彼此串接起來，建立人類的系統運作模型，等到未來個人變異基因的資料帶進來，這個系統就可以回答更多問題。

從理論到應用：實例分享

上述的機器學習，也可以應用在所有生物上。近年來因為定序資料的普及，價格更低廉，使得其他生物的基因組慢慢被定序出來。

陳教授分享第一個其他物種的基因研究是 「病蟲害抗藥性」。田間有東方果實蠅、小菜蛾、瓜實蠅……等害蟲，剛開始使用農藥時好像有效，但是過一段時間後，蟲害卻又再次發生，此即為抗藥性 。這些蟲表面上看起來一樣 ，但是體內的 DNA 卻不同。原因是天生有些蟲是帶有抗藥性的，用藥之後只有牠們活下來，後來蟲的族群變成以這類帶有抗藥性者居多。透過分析這兩個族群的 DNA 差異，科學家希望找到關鍵的變異點；而針對不同的農藥，關鍵的抗藥性變異點也不同。這個原理說來容易，但大家要記得，我們的基因中有千分之一的個體差異，有很多差異可能是假陽性❶(false positive)，這一類差異就需要被過濾。

第二個研究是「抗豆象綠豆」。綠豆是重要的經濟作物，其主要害蟲為豆象 （一種小型甲蟲），豆象會造成很大的經濟損

❶又稱偽陽性，指測試結果呈陽性反應，但事實上卻是沒有的；反之，假陰性、偽陰性 (false negative) 是指測試結果呈陰性反應，但事實上卻是有的。

失。目前已知野生綠豆有一抗豆象品系，因此團隊研究抗豆象與不抗豆象兩個品系的 DNA 有何不同 。 這項研究一樣在成千上萬的變異中抽絲剝繭，去看哪個變異對性狀是有影響的。

最後一個案例，是不久前和臺大生物技術研究中心合作發表的「帝雉全基因體定序」。陳教授說，希望大家未來看到美麗帝雉的時候，會有更進一步的想像。牠不僅是外表美麗的鳥類，牠生長在高海拔，有其特殊的基因，是大自然經過長時間演化而得的「數位系統」。

基因 AI 學 (genomic AI) 可以用來從事基因體相關研究，不只能幫助我們認識自己，還可以認識共同生活在地球上的生命。

演講之外：問答大彙整

提問　on 是良性還是惡性？on 是產生抗體嗎？潛在病因為何？

實際上 on/off 可能都是正常的。在不同的部位，有些地方要 on、有些要 off 才是正常的細胞。腫瘤細胞的問題，通常是該 on 的地方變成 off；或者是該 off 的地方變成 on；又或是 on 的地方鑰匙進不去，打不開。腫瘤之所以不正常，是因為它的變異造成它和原本理應呈現的樣子不同，這種異常確實是 DNA 變異造成的。

並不是說 on/off 其中一個變異就是不好的，是細胞正常運作下，有各自該 on/off 的地方，才叫正常。不可能全部都是 on，因為全身上下的細胞，不可能全部都有一模一樣的行為。

現在可以掌控某幾組基因是跟乳癌有相關，是這樣嗎？

實際上現在針對不同疾病都有相關基因清單，只是有些疾病研究比較透徹，基因清單比較長。有些疾病只受單一基因影響，一個基因異常就一定會致病。這裡以乳癌來說，就有幾個比較著名的基因。每個疾病都有它目前已知，以及可能還沒有找到的基因清單。

如果能夠修復壞的基因，是否就有醫療效果？

基因編輯是目前當紅技術，這已經有應用在治療罕見疾病的實例，例如皮膚會潰爛的泡泡龍。國外的治療已經在嘗試把病患的上皮細胞取下來，把基因序列上壞掉的地方修復，再移植回受傷處，因而長出好的皮膚。不過大部分的其他疾病是很複雜的，未來怎麼應用在腫瘤或是癌症，都還有漫長的一條路。

提問

如果對人體的某一部分進行基因編輯，人體可能會變成超人類，或超健康。如果是達到這種狀態，未來發生的倫理議題，例如富人更富、窮人更窮，這種問題，臺灣學界怎麼看？

就技術來說，很多實驗室確實可以做到。大家身上的細胞，最初都是從一個受精卵開始一直分裂，所有細胞都帶有相同的基因組資訊。若一下子要做基因編輯，不可能對全身上下所有的基因進行。最近有個新聞是中國對受精卵進行基因編輯，當中有很多倫理道德問題要看。

提問

短講中提到人類的資料庫還不夠多，生物學上常常用小白鼠做實驗，是不是可以從小白鼠身上學到些什麼，推論到人的身上？

有很多模式生物❷(model organism) 存在目的是為了研究人類疾病，不過當我們說人的資料不夠多，是指個體差異的相關資訊還不多。因為人有上百萬個變異，針對一個疾病，有時候是已經發生了，才會看到變異在哪裡。就好像工程師寫程式，如果那個 bug 沒有被執行到，就不會被看見。我們現在從罕見

❷指非人類的物種，但此物種可方便的研究特別的生物現象。常見有小白鼠、果蠅、酵母菌……等。

疾病病人身上取下的 DNA 其實很珍貴，因為它是已發生的疾病。疾病的發生，一定有個地方壞掉，只要找到壞掉的地方，對我們的知識成長，不管是基礎科學或是臨床，都有莫大幫助。雖然可以用其他物種做研究，但就只能用電腦去算相似性，要模擬那麼多可能性，不容易精準地抓到 bug；使用從人體身上取得的 DNA 反而更有幫助。

展望：深入瞭解生命的祕密

本章在一開始時，將細胞比擬作小型的電腦，相同細胞有著同樣的作業系統、應用程式，而基因如同應用程式，有兩萬多種。DNA 可以視為四進位制的資訊科學，人體的基因組共有長達 3G 的資料，兩套染色分體就如同雙作業系統。目前的科技已經可以做到基因定序，個人的基因組和人類參考基因組相比，約有千分之一的個體差異，其中又有 98% 變異發生在非編碼區域，所產生的影響目前仍未知。

細胞型態差異是導因於表觀基因體，意即 DNA 當下的狀態，基因每個區段 on/off 狀態不一。轉錄因子影響基因的表現，過程中需要分子辨識，其中如同鑰匙與鎖頭的對應關係是關鍵。目前已經可以用「染色質免疫沉澱－定序」技術進行研究，更進一步透過機器學習瞭解基因組中不同位置在各細胞中 on/off 的關係。類似的機器學習運用，還有乳房攝影影像辨識，透過卷積神經網路從高解析度的影像中尋找潛在的腫瘤。

結尾，陳教授介紹了三個進行中的研究。第一是「病蟲害抗藥性研究」，透過機器學習分辨出抗藥族群與非抗藥族群的關鍵差異；第二是「抗豆象綠豆研究」，分辨出具有抗豆象基因的品系和其他品系有何差異；最後是「帝雉全基因體定序」。對陳教授而言，Genomic AI 不只幫助人類認識自我，還可以認識同樣生活於地球的其他物種。現今許多高通量的生物技術，每天不斷產生大量的生物數據，幫助我們瞭解疾病、治療疾病，進而能預防疾病。同時，許多基礎生物學的研究也仰賴人工智慧加速我們對生命的瞭解，期待未來有更多這一類的跨領域合作，相信這一波人工智慧技術的發展，將為生物、醫學或農業等領域帶來長遠影響。

AI 嘉年華

CHAPTER 11

人工智慧與音樂科技

講師／中央研究院資訊科技創新研究中心副研究員　楊奕軒
彙整／連品薰

音樂、繪畫、文學等藝術創作一直以來被認為是人類智慧的結晶，也是人類難以被人工智慧所取代的能力，然而創作真的是人類的專利嗎？在中研院，楊奕軒老師所帶領的「音樂與人工智慧實驗室」(Music and AI Lab)，正進行一系列的研究，讓電腦不但能聽得懂音樂，甚至也可以編曲跟演奏。從音樂分析到樂曲創作，本章將討論人工智慧在音樂科技的發展與應用，並從中看見一個人機互動的音樂新世界。

AI 音樂家的四種面貌

在近二十年內音樂數位化的風潮下，Spotify、YouTube、KKBox 等線上音樂平臺如今也已成為資訊生活不可或缺的一環。音樂成為我們工作的良伴，但繁忙的現代人有時很難騰出時間建立夠大的播放清單，這時就會發現這些線上平臺都提供了推薦的樂風與樂曲，無論是適合工作、放鬆或派對的音樂都能一鍵搞定，它甚至可以依據你聽過的曲目自動播放你可能會喜歡的新歌。這樣的搜尋需求帶動了音樂產業中的人工智慧，要做到以歌找歌、以文字找歌，電腦都必須先為無數的音樂打上標籤。而為了要能辨別不同類型的音樂，科學家研發出了 **AI Listener，讓電腦具備像人一樣理解、欣賞音樂的能力**。

要讓電腦能分析音樂，首先要能夠掌握音樂的基礎：樂譜。許多音樂人擁有絕對音感，可以聽聲辨音，甚至立即轉換為五線譜上的記號。對於人工智慧，這種**音樂轉譜 (music transcription)** 的技巧，等同於在做音檔到樂譜 (audio to musical score) 的轉換。只要輸入一段音檔，電腦就會輸出類似於樂譜的資訊，上面記載了這首歌的內容，包含哪一個聲調、所使用的樂器……等 。透過將音樂轉錄 (transcribe) 為樂譜資訊，電腦才能進行後續的分析和應用。

另一個 AI Listener 的功能是預測**音樂語意標籤 (music semantic labeling)**。如果說音樂的轉錄在描述歌曲中的「what」，音樂語意標籤比較近似於在回答「how」，也就是這首歌如何被演奏出來，其中包含它的曲風、情緒、節奏……等。藉由這兩種功能，我們便可以為音樂成立一個資料庫並且歸類。

前述的 AI Listener 主要是針對現成的音樂進行分析與分類，而 AI Composer 和 AI Performer 這兩個隸屬於**音樂生成 (music generation/synthesis)** 的模型則是想要讓電腦也具備創作和表演的能力。

AI Composer 可以讓電腦自己去生產新的音樂，只要輸入一些靈感，如一段洗澡時哼出的旋律、隨手在吉他上撥出的和弦，或設定特定的情緒跟曲風，電腦就可以根據這些條件創作新的樂曲，並以樂譜的形式呈現。而這些樂譜，則**交給 AI Performer 演奏出來**。不同演奏家拿到同一個樂譜，會用不同的風格與情緒表現出來，我們也能要求 AI Performer 用輕快、悲傷或平靜等等不同的方式演奏一首歌。和 AI Listener 的音樂轉譜剛好相反，AI Performer 是將樂譜轉換成音檔，它甚至可以讓某個已去世的小提琴家的演奏風格復活，重現一首大師未曾演奏過的曲子。

進行音樂創作，除了直接譜出全新的樂曲外，也可以**透過 AI DJ 將既有的音樂透過組合、改編、重新混音以合成新的音樂**，例如將周杰倫跟王力宏的歌接在一起，或將原曲重新編曲、轉換調性等等。這是人工智慧的另一種創作模式，其中也需要用到 AI Listener 的音樂信號分析能力。

AI Listener 的分析、AI Composer 的作曲、AI Performer 的演奏與 AI DJ 的合成，是機器學習在音樂領域的四大支柱。本章將以 AI Listener 跟 AI Composer 為例，介紹中研院的音樂與人工智慧實驗室的成果。

AI Listener——聲部分離

在 AI Listener 的音樂信號分析中，**聲部分離 (source separation)** 是一個很重要的功能，它可以將一首複雜曲子中，不同樂器的演奏分離出來，也可以將人聲的部分獨立出來。聲部分離最直覺的應用，就是將人聲去除以製作卡拉 OK 伴唱帶或電影配樂，但其實它也在音樂分析中扮演重要的一環。譬如當我們想區別張學友跟劉德華的歌聲的差異，或決定某個人比較適合唱誰的歌，電腦都需要透過分析人聲來達到目的。但當訓練資料是人聲與背景音樂混雜在一起時，那些背景音樂就等同於雜訊；相反地，如果想做和弦分析或做樂器分析，人聲的部分也是雜訊。因此，在分析之前會先將音樂進行聲部分離，把有用的資訊過濾出來才能更精準地進行計算。

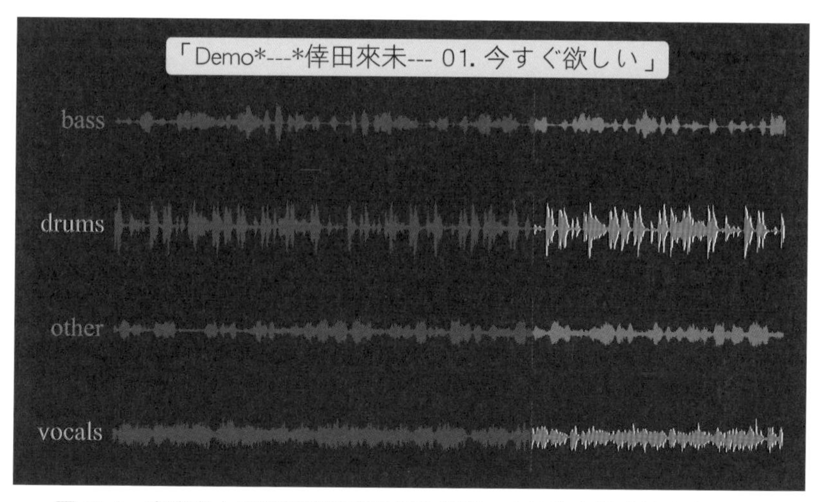

▲圖 11-1　音樂與人工智慧實驗室已經能將單一音軌的音樂分離成人聲 、背景、鼓聲與低音部四個音軌。此技術對於不同語言所演唱的歌曲皆可適用。

音樂與人工智慧實驗室已經可以做到將單一音軌的音樂分離成「人聲」(vocals)、「背景」(others)、「鼓聲」(drums) 跟「低音部」 (bass) 等四個音軌。他們也開發了一個便於操作的使用者介面，只要在任一條分離出來的音軌上點右鍵，就可以關閉與開啟它，以此自由組配不同聲部。這個模型原先是以英文歌作為訓練資料，但無論是中文歌、日文歌、韓文歌或臺語歌，它都能很好地駕馭，可見電腦真的學會人聲跟背景音樂之間的區別了。

如果將來有一天聲部分離技術發展成熟，我們就能想像未來的耳機或智慧型音箱可以用旋鈕去調整個別聲部的音量，例如說我想聽吉他多一點，就單獨將吉他的音量調高；又或是應用在 AI DJ，可以自由組配不同的音樂，將 A 曲的歌聲搭配 B 曲的背景音樂，創作出新的曲子；甚至人工智慧也可以學習不同歌手的曲風與特色，當我拿起麥克風的時候，電腦就可以將我五音不全的歌聲轉變成張學友的深情嗓音。

AI Composer——混成、生成與多音軌技術

電腦的音樂創作一直是科學家最感興趣的主題之一，但雖然它從四、五十年前就開始發展，成果卻不盡如人意，一直要到近期的深度學習技術被開發後，才給了自動作曲新的契機。在這波深度學習的浪潮中，許多大企業和新創公司都加入了 AI Composer 的市場，包含了 SONY、Spotify、IBM 的 Watson Beat、Google 的 Magenta 和中國阿里音樂的探樂工作室等。而在臺灣，杜奕瑾領導的人工智慧實驗室也推出了「雅婷鋼琴師」，可以依照使用者的心情創作出最能撫慰人心的鋼琴曲。其中，Google Magenta 已經將許多研究對外公開，甚至提供了部分的 Python 程式碼給有興趣的人使用，若想更瞭解 AI Composer 可以先去瀏覽 Google Magenta 的網站。

AI Composer 主要可以有兩種應用層次：作曲輔助與配樂創作。若人工智慧可以達到近似人類程度的水準，它就能從事作曲輔助，為音樂家提供一些靈感，或負責一些有規則可循、重複性的工作，就像畫動畫時自動補滿兩個圖形中間轉換的影格，提升作品細緻度。但如果人工智慧的效果不夠好，無法創

作出具有商業專輯程度的音樂，它還是能在配樂上提供新的選擇，如此一來廣告產業或私人影片製作或許就不必煩惱配樂的版權與費用問題，可以用較低的成本完成一支影片的配樂。

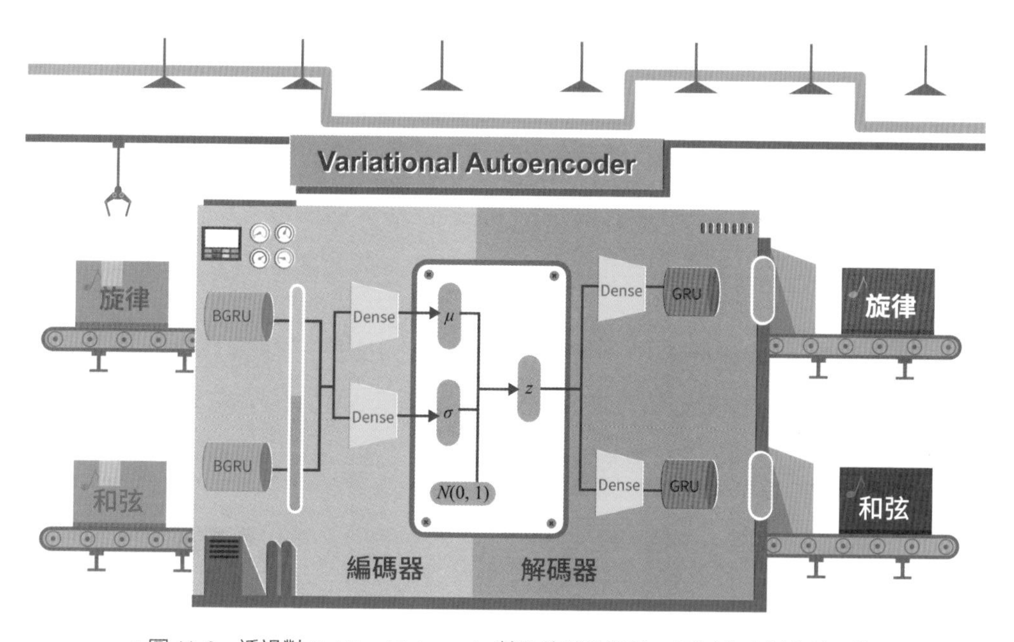

▲圖 11-2　透過對 Variational Autoencoder 輸入旋律及和弦，可以生成新的簡要總譜。其中 BGRU 及 Dense 均為類神經網路的單元，μ、σ 及 z 則為描述音樂空間的方式。

綜觀當前產業的趨勢，人工智慧的音樂創作想要達成的不單單是電腦自動生成能被人類所理解的樂曲，而是電腦如何跟人類合作，以互動生成的方式協力完成作品。在音樂與人工智慧實驗室中，**簡要總譜的變奏與混合 (lead sheet variation and interpolation)** 技術就是互動式人工智慧的例子。所謂的「變奏」(variation) 是將一首現成的曲子改編成不同弦律與和弦的變奏版本；「混合」(interpolation) 則是混成 A、B 兩首歌曲，並能決定成品的風格是比較靠近 A 還是 B 曲，但這並不是單純地將兩首的音訊直接加起來除以 2，而是必須依照音樂的規則去混成。無論是變奏還是混合，都不是為了完成獨立的樂曲，而是幫助音樂家增添曲子的風味，或是讓作品更靠近另一首曲子的風格。

簡要總譜生成變奏

簡要總譜混合

▲圖 11-3　簡要總譜的變奏與混合應用實例。

除此之外，音樂與人工智慧實驗室也發展了**多音軌生成 (multi-track generation)** 技術。多數市面上的 AI Composer 都只創作旋律與和弦，但多音軌生成能統合多個聲道、產生包含五種樂器的和諧音樂，增添了作品的層次。

因此在談人工智慧的音樂創作時，必須要去考慮使用者想怎麼應用。以輸入面來說，製造配樂的人工智慧並不需要在沒有任何輸入資料的狀況下憑空生成音樂，而更著重「有條件」(conditioned) 的生成，如給定主旋律、曲風或情感標籤、歌詞、影片……等，進而產生符合需求的樂曲。以輸出面而言，必須考慮到我們想要的只是一段旋律，還是要更有層次的音樂？人工智慧是否可以幫我加上和聲、鼓聲甚至是創造出如交響樂般豐富的音樂？目前的 AI Composer 可以創作出還不錯的音樂，但要如何提升作品的精緻度是學界目前正努力的目標。

AI 音樂的挑戰與契機

音樂的學問不如數學題有標準答案，也不像棋局終有輸贏，那麼我們又如何知道人工智慧創作出來的音樂到底「好不好」呢？音樂，就如同其他藝術領域一樣，其評價存在著一定的主觀性，因此現階段仍是以聽者的感覺為標準在衡量人工智慧的性能。其感覺指標包括旋律的和諧度、樂曲行進感、驚喜與創新感等定性分析。但考量到時間與費用成本，在研發過程中不可能完全倚賴人力進行評量，因此科學家也會設定量化的標準來作為輔助參考，如和弦變化程度、和弦是否使用旋律中的音符等。好的音樂之所以為好，是因為它能引起聽者的共鳴，所以最終仍要回歸到人的尺度來看待人工智慧創作的音樂。

最後，就音樂體驗而言，我們可以預期人工智慧將對人類的生活帶來怎樣的轉變呢？對音樂家而言，人工智慧可以作為一個創作上的輔助，負責處理比較繁瑣的任務，由人類進行較需要創意的環節，「人機互動」將取代獨立作業的模式；就一般大眾而言，人工智慧或將成為音樂產業的民主化推手，人們不再需要十年養成才能做一個音樂家，而是可以在人工智慧的幫助下進行創作。人工智慧的音樂創作平臺不但可以作為一個有別於 Spotify 跟 KKBox 的商業平臺，提供更多元的傳播管道，甚至也能讓作品成為他人創作的元素跟養分。我們預期在接下來幾年看到更多 AI 為音樂產業所帶來的改變。

附錄

appendix

參考資料

1. C. Szegedy et al. (2015), "Going deeper with convolutions." GoogleNet.
2. Chen et al. (2018), "Rotation-blended CNNs on a new open dataset for tropical cyclone image-to-intensity regression."
3. Yu-Chuan Wei, Ming-Shun Lin, and Hsin-Hsi Chen. (2006), "Name Disambiguation in Person Information Mining." Proceedings of the 2006 IEEE/WIC/ACM International Conference on Web Intelligence.
4. 黃詩淳、邵軒磊，〈運用機器學習預測法院裁判——法資訊學之實踐〉，《月旦法學》，270 期，2017/11，頁 86～96。
5. 邵軒磊、吳國清、黃詩淳，〈大數據與法資訊學——機器提取裁判內容要素之實踐〉，《月旦裁判時報》，71 期，2018/05，頁 46～52。
6. 黃詩淳、邵軒磊，〈酌定子女親權之重要因素：以決策樹方法分析相關裁判〉，《臺大法學論叢》，47 卷 1 期，2018/03，頁 299～344。
7. 黃詩淳、李容萱、邵軒磊，〈離婚慰撫金的法律資料分析初探〉，《月旦裁判時報》，84 期，2019/06，頁 68～82。
8. 邵軒磊、吳國清，〈法律資料分析與文字探勘：跨境毒品流動要素與結構研究〉，《問題與研究》，58 卷 2 期，2019/06，頁 91～114。

9. 黃詩淳、邵軒磊，〈人工智慧與法律資料分析之方法與應用：以單獨親權酌定裁判的預測模型為例〉，《臺大法學論叢》，48 卷 4 期，2019/12，頁 2023～2073。
10. 黃詩淳、邵軒磊，〈以人工智慧讀取親權酌定裁判文本：自然語言與文字探勘之實踐〉，《臺大法學論叢》，49 卷 1 期，2020/03，頁 195～224。
11. Michael I. Jordan. (2019). "Artificial Intelligence—The revolution hasn't happened yet."

圖片來源

圖 1-2：Wikimedia commons

圖 1-3：shutterstock

圖 2-17：Google Tensorflow

圖 4-1：Lun-Wei Ku, Hsiu-Wei Ho and Hsin-Hsi Chen. "Opinion mining and relationship discovery using CopeOpi opinion analysis system." *JASIST*, 60(7), 2009, 1486-1503

圖 4-2：Lun-Wei Ku and Hsin-Hsi Chen. "Mining opinions from the Web: Beyond relevance retrieval." *JASIST*, 58(12), 2007, 1838-1850

圖 4-9：Tomas Mikolov, Wen-tau Yih and Geoffrey Zweig. "Linguistic Regularities in Continuous Space Word Representations." *Proceedings of NAACL-HLT*, 2013, 746-751

圖 4-10：Tomas Mikolov, Wen-tau Yih and Geoffrey Zweig. "Linguistic Regularities in Continuous Space Word Representations." *Proceedings of NAACL-HLT*, 2013, 746-751

圖 5-1：Larry Zitnick

圖 5-17：MalletsDarker@reddit

圖 7-1：https://www.springboard.com/blog/introduction-word-embeddings/

圖 8-1：shutterstock

圖 8-2 上：Traver, Jeffrey and Stanley Milgram. "An experimental study of the small world problem." *Sociometry*, 1969, 425-443.

圖 8-2 下：Wikimedia commons

圖 8-4：Sejeong Kwon et al., "Prominent Features of Rumor Propagation in Online Social Media." IEEE 13th International Conference on Data Mining, 2013

圖 9-5：shutterstock

圖 9-7：David Silver et al., "Mastering the game of Go with deep neural networks and tree search." *Nature* 529, 2016, 484-489

圖10-1：http://rosalind.info/media/problems/hamm/point_mutation.png

圖10-3：http://en.wikipedia.org/wiki/File:Chip_sequencing2.png

圖 10-4：翁可華 (2017)，《運用深度學習於乳房 X 光照腫塊檢測》

圖 10-5：沈禹岑 (2018)，《利用深度學習建構 K562 全基因組轉錄因子結合位特徵》

※其餘未標示者均為講者提供照片，或講者提供並由三民書局編輯部繪製而成。

重要詞彙

中文	英文	頁數
激發函數	activation function	139
逐步增強法	adaptive boosting algorithm	52
進階德拉沃克技巧	advanced dvorak technique, ADT	43
人工智慧研發晶片工程	AI on chip	68
亞馬遜網路服務	Amazon web services, AWS	66
異常偵測	anomaly detection	80
泛人工智慧	artificial general intelligence, AGI	10
人工智慧	artificial intelligence, AI	2
人工神經網路	artificial neural network, ANN	7
權威性	authority	157
自動化人工智慧機器	automated AI machine	221
反向修正	backward propagation	79
標桿分析	benchmarking	220
偏差	bias	139
大數據、巨量資料	big data	13
腦部結構啟發	brain-inspired	217
Caffe 分類器	Caffe classifier	214
染色質免疫沉澱－定序	ChIP-seq	234
子句	clause	108

中文	英文	頁數
摩爾定律	Moore's law	70
道德機器	moral machine	150
莫拉維克悖論	Moravec's paradox	22
詞素	morpheme	107
詞素分析	morphological analyzer	116
動態捕捉	motion capture	148
多文件	multi-document	108
多層類神經網路	multi-layer neural network, MLNN	16
多詞表達	multiple word expression	108
多音軌生成	multi-track generation	252
音樂生成	music generation/synthesis	247
音樂語意標籤	music semantic labeling	247
音樂轉譜	music transcription	246
命名實體	named entity	108
命名實體辨識	named entity recognition	116
自然語言	natural language	94
自然語言處理	natural language processing, NLP	69
網路	network	195
網路侵入偵測	network intrusion	80
類神經網路、神經網路	neural network, NN	7

中文	英文	頁數
神經元	neuron	38
點	node	194
物件偵測	object detection	148
枕葉	occipital lobe	217
意見探勘	opinion mining	94
秩序	order	156
數量級	orders of magnitude	65
鑽牛角尖 過度遷就資料	overfitting	37 82
排名演算法	page ranking algorithm	26
成對資料	paired data	187
典範轉移	paradigm shift	64
段落	paragraph	108
頂葉	parietal lobe	217
區段	passage	108
序列特徵	pattern	233
辨認圖案	pattern recognition	69
感知器學習法	perceptron learning algorithm	47
音素	phoneme	191
點突變	point mutation	232

中文	英文	頁數
策略網路	policy network	222
池化層	pooling layer	144
大眾民主	popular democracy/mass democracy	158
姿態估計	pose estimation	148
朋友數冪次法則	power-law distribution	200
預測值	prediction	172
偏好依附法則	preferential attachment	200
程式語言	programming language	94
問答系統	question answering	94
遞迴神經網路	recurrent neural network, RNN	20
遞迴生成	recursive generation	18
增強式學習	reinforcement learning	70
特徵學習	representation learning	215
抽樣解析度	sampling resolution	128
搜尋引擎	search engine	66
搜尋空間	search space	17
自動駕駛汽車	self-driving car	149
語意類別	semantic category	116
語意鴻溝	semantic gap	128
語意網	semantic net	69

中文	英文	頁數
語意網路	semantic network	7
語意關聯程度	semantic relatedness	117
語意關係標記	semantic role labelling	116
半監督式學習	semi-supervised learning	216
情緒分析	sentiment analysis	183
六度分離	six degrees of separation	196
滑動視窗	sliding windows	135
小世界	small-world	196
群體過濾	social filtering	80
社群網路	social network	66
軟體即服務	software as a service, SaaS	66
聲部分離	source separation	248
語音辨識	speech recognition	180
立場偵測	stance detector	116
統計機器翻譯	statistical machine translation, SMT	95
強人工智慧	strong AI	10
監督式學習	supervised learning	164
支撐向量機	support vector machine, SVM	34
句法類別	syntactic category	116
句法剖析	syntacitc parser/chunker	116

中文	英文	頁數
顳葉	temporal lobe	217
文字探勘	text mining	177
閾值	threshold	77
中文斷詞	tokenizer/Chinese segmentation	116
轉錄因子	transcription factor	233
轉換學習	transfer learning	81
圖靈測試	Turing testing	2
不可數且連續性的屬性資訊	uncountable continuous attributes	224
無人商店	unmanned store	151
非監督式學習	unsupervised learning	216
價值網路	value network	222
變異	variant	232
影像監控	video surveillance	66
視覺皮層	visual cortex	217
語者轉換	voice conversion	187
華生	Watson	11
瀑布圖	waterfall graph	172
弱人工智慧	weak AI	10
權重	weights	139

相關人名

中文	英文	頁數
尼威爾	Allen Newell	5
塞繆爾	Arthur Samuel	55
羅素	Bertrand Arthur Whilliam Russel	3
洛特	Brad Rutter	98
扎弗里爾	Danm Zafrir	104
休伯爾	David Hubel	217
西維爾	David Silver	55
赫布	Donald Olding Hebb	7
羅森布拉特	Frank Rosenblatt	47
薩斯曼	Gerald Sussman	124
萊布尼茲	Gottfried Whilhelm Leibniz	3
西蒙	Herbert A. Simon	5
海曼．閔斯基	Hyman Minsky	47
蕭	John C. Shaw	5
麥卡錫	John McCarthy	69
希爾勒	John Searle	11
簡寧斯	Ken Jenning	98
米克爾	Marry Meeker	71
馬文．閔斯基	Marvin Minsky	124

蔚為奇談！宇宙人的天文百科

主編
高文芳、張祥光

宇宙人召集令！
24 名來自海島的天文學家齊聚一堂，
接力暢談宇宙大小事！

最「澎湃」的天文 buffet

這是一本在臺灣從事天文研究、教育工作的專家們共同創作的天文科普書，就像「一家一菜」的宇宙人派對，每位專家都端出自己的拿手好菜，帶給你一場豐盛的知識饗宴。這本書一共有 40 個篇章，每篇各自獨立，彼此呼應，可以隨興挑選感興趣的篇目，再找到彼此相關的主題接續閱讀。

心靈黑洞 —— 意識的奧祕

主編
洪裕宏、高涌泉

意識是什麼？心靈與意識從何而來？
我們真的有自由意志嗎？
植物人處於怎樣的意識狀態呢？
動物是否也具有情緒意識？

過去總是由哲學家主導辯論的意識研究，到了 21 世紀，已被科學界承認為嚴格的科學，經由哲學進入科學的領域，成為心理學、腦科學、精神醫學等爭相研究的熱門主題。本書收錄臺大科學教育發展中心「探索基礎科學系列講座」的演說內容，主題圍繞「意識研究」，由 8 位來自不同專業領域的學者帶領讀者們認識這門與生活息息相關的當代顯學。這是一場心靈饗宴，也是一段自我了解的旅程，讓我們一同來探索《心靈黑洞——意識的奧祕》吧！

作者：松本英惠
譯者：陳朕疆

打動人心的色彩科學

暴怒時冒出來的青筋居然是灰色的！？
在收銀台前要注意！有些顏色會讓人衝動購物
一年有 2 億美元營收的 Google 用的是哪種藍色？
男孩之所以不喜歡粉紅色是受大人的影響？
會沉迷於美肌 app 是因為「記憶色」的關係？
道歉記者會時，要穿什麼顏色的西裝才對呢？

你有沒有遇過以下的經驗：突然被路邊的某間店吸引，接著隨手拿起了一個本來沒有要買的商品？曾沒來由地認為一個初次見面的人很好相處？這些情況可能都是你已經在不知不覺中，被顏色所帶來的效果影響了！本書將介紹許多耐人尋味的例子，帶你了解生活中的各種用色策略，讓你對「顏色的力量」有進一步的認識，進而能活用顏色的特性，不再被繽紛的色彩所迷惑。

作者：潘震澤

科學讀書人── 一個生理學家的筆記

「科學與文學、藝術並無不同，
都是人類最精緻的思想及行動表現。」

★ 第四屆吳大猷科普獎佳作
★ 入圍第二十八屆金鼎獎科學類圖書出版獎
★ 好書雋永，經典再版

科學能如何貼近日常生活呢？這正是身為生理學家的作者所在意的。在實驗室中研究人體運作的奧祕之餘，他也透過淺白的文字與詼諧風趣的筆調，將科學界的重大發現譜成一篇篇生動的故事。讓我們一起翻開生理學家的筆記，探索這個豐富又多彩的科學世界吧！

作者
胡立德(David L. Hu)

譯者:羅亞琪
審訂:紀凱容

破解動物忍術 如何水上行走與飛簷走壁?動物運動與未來的機器人

水黽如何在水上行走?蚊子為什麼不會被雨滴砸死?
哺乳動物的排尿時間都是 21 秒?死魚竟然還能夠游泳?

讓搞笑諾貝爾獎得主胡立德告訴你,這些看似怪異荒誕的研究主題也是嚴謹的科學!

★《富比士》雜誌 2018 年 12 本最好的生物類圖書選書
★《自然》、《科學》等國際期刊編輯盛讚

從亞特蘭大動物園到新加坡的雨林,隨著科學家們上天下地與動物們打交道,探究動物運動背後的原理,從發現問題、設計實驗,直到謎底解開,喊出「啊哈!」的驚喜時刻。想要探討動物排尿的時間得先練習接住狗尿、想要研究飛蛇的滑翔還要先攀登高塔?!意想不到的探索過程有如推理小說般層層推進、精采刺激。還會進一步介紹科學家受到動物運動啟發設計出的各種仿生機器人。

國家圖書館出版品預行編目資料

智慧新世界：圖靈所沒有預料到的人工智慧／臺大科學教育發展中心編著;林守德,高涌泉主編.——初版一刷.——臺北市：三民，2021
面；　公分.——（科學+）

ISBN 978-957-14-7048-1（平裝）
1. 人工智慧 2. 文集

312.83　　109019336

科學+

智慧新世界——圖靈所沒有預料到的人工智慧

主　　編　林守德　高涌泉
編 著 者　臺大科學教育發展中心
責任編輯　黃宣蒲
美術編輯　陳奕臻

發 行 人　劉振強
出 版 者　三民書局股份有限公司
地　　址　臺北市復興北路 386 號 (復北門市)
　　　　　臺北市重慶南路一段 61 號 (重南門市)
電　　話　(02)25006600
網　　址　三民網路書店 https://www.sanmin.com.tw

出版日期　初版一刷 2021 年 1 月
書籍編號　S300240
I S B N　978-957-14-7048-1